Lieber Roman,

vielen Dank für die
Unterstützung bei der Anfertigung
dieser Arbeit und für den Spass
und tollen Erlebnisse in Göttingen
und Vancouver.

Viele
Dana

Viel Erfolg bei Deiner
Doktorarbeit in Kassel!

SCHNELLE EXPANSION

VON ÜBERKRITISCHEN LÖSUNGEN

ZUR HERSTELLUNG VON ORGANISCHEN

NANOPARTIKELN

Dissertation
zur Erlangung des Doktorgrades
der Mathematisch-Naturwissenschaftlichen Fakultäten
der Georg-August Universität zu Göttingen

vorgelegt von

Dana Hermsdorf

aus Hoyerswerda

Göttingen 2006

Bibliografische Information Der Deutschen Bibliothek
Die Deutsche Bibliothek verzeichnet diese Publikation in der Deutschen
Nationalbibliografie; detaillierte bibliografische Daten sind im Internet über
http://dnb.ddb.de abrufbar.
1. Aufl. - Göttingen : Cuvillier, 2006
  Zugl.: Göttingen, Univ., Diss., 2006
  ISBN 10: 3-86727-089-9
  ISBN 13: 978-3-86727-089-2

D7

Referentin: Prof. Dr. R. Signorell

Koreferent: Prof. Dr. M. A. Suhm

Tag der mündlichen Prüfung: 01.11.2006

© CUVILLIER VERLAG, Göttingen 2006
  Nonnenstieg 8, 37075 Göttingen
  Telefon: 0551-54724-0
  Telefax: 0551-54724-21
  www.cuvillier.de

  ISBN 10: 3-86727-089-9
  ISBN 13: 978-3-86727-089-2

In der Wissenschaft gleichen wir alle nur den Kindern, die am Rande des Wissens hier und da einen Kiesel aufheben, während sich der weite Ozean des Unbekannten vor unseren Augen erstreckt.

Isaac Newton

Mein ganz besonderer Dank gilt Frau Prof. Dr. R. Signorell für die hervorragende Betreuung der Arbeit. Die vielen Gesprächen und Diskussionen haben sehr zum gelingen der Arbeit beigetragen.

Herrn Prof. Dr. M.A. Suhm danke ich für die Unterstützung bei organisatorischen und wissenschaftlichen Fragen, für die Gelegenheit der Teilnahme am Graduiertenkolleg 782 und für die freundliche Übernahme des Koreferats.

Herrn Dr. A. Bonnamy und Herrn R. Ueberschaer möchte ich für die Hilfe und Zusammenarbeit bei dem Aufbau der Apparatur danken.

Allen Mitgliedern der Gruppen Suhm/Signorell danke ich für das gute Arbeitsklima. Insbesondere möchte ich mich für die fachlichen und nichtfachlichen Diskussionen und Erlebnisse bei Herrn G. Firanescu und Herrn R. Ueberschaer bedanken.

Ohne die Unterstützung der Werkstätten des Institutes wäre der Aufbau und Wartung der Apparatur nicht möglich. Ich möchte bei den Leitern der Werkstätten Herrn V. Meyer und A. Knorr und allen ihren Mitarbeitern für die Planung, Konstruktion und die technische Umsetzung bedanken. Herrn M. Noack möchte ich für die kompetente Beratung bei technischen Problemen bedanken.

Herrn Dr. P.-J. Wilbrandt und Herrn M. Hahn danke ich für die Einführung und Hilfe bei Problemen am Elektronenmikroskop. Frau A. Lam danke ich für die Hilfe am Röntgendiffraktometer.

Herrn Dr. D. Luckhaus danke ich für die Hilfe bei den quantenmechanischen Rechnungen.

Ganz herzlich möchte ich mich bei meinem Freund Uwe für seine Geduld und Motivation während der letzten drei Jahre bedanken.

Inhaltsverzeichnis

Abbildungsverzeichnis

Tabellenverzeichnis

Kapitel 1 Einleitung

Nanopartikel unterscheiden sich in ihren Eigenschaften von Bulkmaterialien. Durch die Vergrößerung des Oberflächen zu Volumen Verhältnisses ändern sich die Phasengleichgewichte, die chemische Reaktivität, die katalytische Ausbeute und die sterische Selektivität [1, 2]. Aufgrund dieser Eigenschaften werden Nanopartikel in Katalysatoren, in der Sensortechnik, in Brennstoffzellen oder als Absorptionsmittel bei Prozessemissionen verwendet [3, 4]. Bei pharmazeutischen oder kosmetischen Produkten in Form von Partikeln nimmt die Bioverfügbarkeit der Wirkstoffe durch das größere Oberflächen zu Volumenverhältnis zu. Dadurch wird eine geringere Menge des Arzneimittels benötigt und durch Erhöhung der Selektivität, beispielsweise durch Beschichten, kann es gezielt zu der gewünschten Stelle im Körper transportiert werden. Nanopartikel werden nicht nur gewollt hergestellt, sondern entstehen auch in Verbrennungsprozessen z.B. in Kohlekraftwerken oder in Automobilen. Sie kommen auch natürlich vor z.B. in Keimbildungsprozessen in der Atmosphäre, in interstellaren Stäuben oder als Bioaerosole in Form von Pollen [3].

Um Nanopartikel herzustellen, gibt es viele verschiedene Möglichkeiten wie Fällen aus Lösung, Ultraschallbehandlung, Ätzen, Laserablation, -pyrolyse oder unterschiedliche Verfahren, die überkritische Fluide verwenden [3]. In dieser Arbeit werden Nanopartikel mittels schneller Expansion von überkritischen Lösungen (englisch: Rapid Expansion of Supercritical Solutions, kurz: RESS) hergestellt. Bei diesem Verfahren wird zuerst ein Feststoff in einem überkritischen Fluid, in dieser Arbeit überkritisches CO_2 ($scCO_2$), gelöst und durch eine kleine Düse expandiert. Aufgrund des großen Druckunterschiedes zwischen dem Reservoir mit der überkritischen Lösung und der Expansionskammer kommt es zur starken Beschleunigung und damit zu einer Absenkung der Temperatur und des Druckes. Die dadurch entstandene Übersättigung führt zur Partikelbildung und zum Partikelwachstum. Der Vorteil des RESS-Verfahrens ist, dass es nur geringe thermische und keine chemische Belastung der Produkte gibt wie es z.B. bei mechanischen Prozessen (Mahlen) oder chemischen Verfahren der Fall ist. Dadurch eignet sich dieses Verfahren zur Mikronisierung von thermisch und chemisch labilen Stoffen wie Pharmazeutika oder Kosmetika. Ein weiterer Vorteil dieses Verfahrens ist die einfache und rückstandsfreie Entfernung des verwendeten Lösungsmittels.

Um die entstandenen Partikel zu charakterisieren gibt es verschiedene Möglichkeiten. Um die Partikelgröße und die Partikelform zu bestimmen, werden hauptsächlich Rasterelektronenmikroskope (REM) oder Lichtmikroskope eingesetzt. Einzelne Arbeitsgruppen verwenden auch Lichtstreuung wie die 3-Wellenlängenextinktionmessung (3-WEM) oder elektrische Mobilitätsanalyzer wie den Scanning Mobility Particle Sizer (SMPS) oder den aerodynamischen Partikelgrößenzähler (APS), um die Partikelgröße zu bestimmen. Zur Bestimmung der Struktur und der chemischen Zusammensetzung der Partikel können spektroskopische Methoden und Röntgendiffraktometrie verwendet werden. In der vorliegenden Arbeit werden SMPS, 3-WEM und REM zur Bestimmung der Partikelgröße und- form und FTIR-Spektroskopie und Röntgendiffraktometrie zur Bestimmung der Struktur und chemischen Zusammensetzung verwendet.

Frühere Arbeiten, die RESS zur Mikronisierung von Festsubstanzen verwendeten, haben vor allem den Einfluss von Druck, Temperatur und Düsenform auf die Partikelgröße untersucht. Es hat sich gezeigt, dass der Einfluss dieser Parameter stark von der Substanz abhängig ist. Die hergestellten Partikel lagen alle im Mikrometerbereich [5]. Neuere Arbeiten aus der Arbeitsgruppe von Dr. Türk dokumentieren erstmals die Herstellung von Partikeln im Nanometerbereich [6]. Das Ziel der vorliegenden Arbeit war es ebenfalls Partikel im Nanometerbereich herzustellen. Dazu wurde eine neuartige RESS-Apparatur aufgebaut, mit der schwerflüchtige Substanzen mikronisiert werden können [7, 8]. Im Gegensatz zu den Untersuchungen von Dr. Türk wird die Expansion nicht kontinuierlich sondern gepulst durchgeführt. Dadurch kann die Verstopfung der Düse reduziert werden. Ein weiterer Vorteil der gepulsten Expansion ist, dass eine geringere Pumpenleistung zur Herstellung der überkritischen Lösung benötigt wird. Eine gepulste Expansion hat im Vergleich zu einer kontinuierlichen Expansion einen geringeren Massenfluss. Dadurch ist auch eine geringere Pumpleistung nötig, um die Expansionskammer bei konstantem Druck zu halten [9]. Insbesondere ermöglicht diese Anordnung erstmals auch Expansionen ins Vakuum. Mit dieser Apparatur sollten Substanzen untersucht werden, die eine Rolle in der Atmosphäre, interstellaren Stäuben und in der pharmazeutischen Industrie spielen. Ein weiteres wichtiges Ziel war es, den eigentlichen Partikelbildungsprozess besser zu verstehen.

Der eigentliche Partikelbildungsprozess wurde bisher nur theoretisch untersucht. Experimentelle Arbeiten fehlten vollständig. Mit der hier vorgestellten Apparatur können in situ Messungen mit FTIR-Spektroskopie und 3-WEM in der Expansion durchgeführt werden. Zusammen mit dem Vakuumsystem und der beweglichen Düse kann damit sowohl im Überschall- als auch im Unterschallbereich der Expansion und damit im Bereich der Partikelbildung gemessen werden. Dazu werden zuerst Messungen von dem reinen Lösungsmittel CO_2 (Kapitel 4) und zusammen mit dem in $scCO_2$ gelösten Feststoff im Bereich der Überschallexpansion (Kapitel 5) durchgeführt. Für diese Untersuchungen werden Adamantan und Nonadekan als Festsubstanzen verwendet, da diese sehr gute Löslichkeiten in $scCO_2$ besitzen.

Um Partikel in der Atmosphäre und im Weltall auf Eigenschaften wie Partikelgröße oder Teilchenkonzentration zu untersuchen sind optische Daten notwendig. Diese werden in Datenbanken tabelliert. Substanzen, die in der Atmosphäre bzw. in interstellaren Stäuben vorkommen, sind z.b. aromatische Kohlenwasserstoffe wie Phenanthren oder Biphenyl. Deshalb wird in dieser Arbeit der komplexe Brechungsindex von Partikeln dieser Substanzen bestimmt (Kapitel 6 und Kapitel 7). Dafür müssen die Größe, die Form und das IR-Spektrum der Partikel bekannt sein.

Pharmazeutische Wirkstoffpartikel neigen dazu stark zu agglomerieren und zu koagulieren. Dies kann durch Beschichten der Partikel z.B. mit einem Polymer verhindert werden. Durch Beschichten von Wirkstoffpartikeln kann auch deren Selektivität erhöht werden. Beispielsweise liegt im Magen ein stark saures Milieu vor, während im Darm ein basisches Milieu herrscht. Werden die Wirkstoffpartikel mit einer Substanz umhüllt, die sich nicht im Sauren aber im Basischen löst, so wird der Wirkstoff nicht schon im Magen sondern erst im Darm freigesetzt und kann dort in die Blutbahnen resorbiert werden. Als Beschichtungssubstanzen für pharmazeutische Wirkstoffe wurden bisher hauptsächlich Polymere verwendet. In dieser Arbeit wird das Biopolymer Polymilchsäure verwendet. Damit werden Wirkstoffpartikel aus Phytosterol und Ibuprofen umhüllt (Kapitel 9 und Kapitel 10). Werden Wirkstoff und Polymer zusammen in $scCO_2$ gelöst, entstehen meist gemischte Partikel anstelle von beschichteten Partikeln (Kapitel 9). Zur Einstellung des richtigen Mischungsverhältnisses von Wirkstoff und Polymer für die Beschichtung des Wirkstoffes müssen die beiden Substanzen getrennt in $scCO_2$ gelöst werden. Deshalb wird in dieser Arbeit für das Beschichten des Wirkstoffes Ibuprofen erstmals eine Apparatur mit zwei Extraktoren verwendet (Kapitel 10)

Kapitel 2 Grundlagen

2.1 Beschreibung der Überschallexpansion

Bei Überschallexpansionen wird ein Gas oder wie in dieser Arbeit ein überkritisches Fluid aus einem Reservoir mit einem hohem Druck (p_0) über eine kleine Düse in eine Umgebung mit geringerem Druck (p_b) expandiert. Eine schematische Darstellung ist in Abbildung 2.1 gezeigt. Wenn die Bedingung aus Ungleichung (2.1) gilt, erreicht die Strömung am Ausgang der Düse Schallgeschwindigkeit. Somit beträgt die Machzahl M, die hier das Verhältnis von Geschwindigkeit eines überkritischen Fluids zur Schallgeschwindigkeit darstellt, eins.

$$\frac{p_0}{p_b} \geq G \quad ; \qquad G = \left(\frac{\gamma+1}{2}\right)^{\frac{\gamma}{\gamma-1}} \tag{2.1}$$

Das Druckverhältnis muss also größer sein als der kritische Grenzwert G, welcher nur vom Adiabatenkoeffizient $\gamma = C_P / C_V$ (dem stoffspezifischen Verhältnis der Wärmekapazitäten) abhängt. Dabei ist C_p die Wärmekapazität bei konstanten Druck und C_v die bei konstanten Volumen. Die Expansion verläuft zunächst adiabatisch und reversibel (isentrop). Die damit verbundene Energieerhaltung und die Beschleunigung der Teilchen führen zum Absinken der thermischen Energie und zu einer Erhöhung der kinetischen Energie. Die Teilchen, die aus der Düse austreten, besitzen Schallgeschwindigkeit. Sie gelangen in die Ruhezone, in der die Teilchen weiter beschleunigt werden und sich so mit Überschallgeschwindigkeit ($M \gg 1$) fortbewegen. Wenn diese Teilchen auf bereits vorhandene Teilchen im Restgas treffen, werden sie in ihrer Geschwindigkeit abgebremst. Es bilden sich Stoßfronten aus, die die isentrope Expansion seitlich (barrel shock) und frontal (mach disk shock) begrenzen. Da sich die beschleunigten Teilchen senkrecht zur frontalen Stoßfront bewegen, ist die Machzahl der

Teilchen hinter dieser Stoßfront kleiner als eins, d.h. die Teilchen bewegen sich mit weniger als Schallgeschwindigkeit. Bei den seitlichen Stoßfronten ist die Bewegung eher tangential. Deshalb ist die Machzahl hinter der Stoßfront noch größer als eins. Eine genauere Charakterisierung der Überschallexpansion findet in Kapitel 2.4 statt.

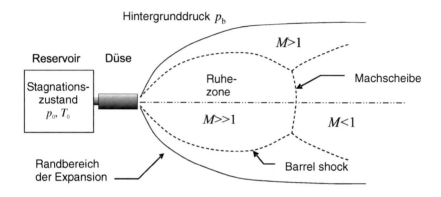

Abbildung 2.1 Schematische Darstellung der Überschallexpansion.

2.2 Überkritische Fluide

In der Abbildung 2.2 ist das Phasendiagramm von reinem CO_2 zu sehen. Dieses wird durch den Tripelpunkt ($T_T = 216.55$ K und $p_T = 5.81$ bar) bzw. den kritischen Punkt (T_c, p_c) charakterisiert. Am kritischen Punkt besitzt CO_2 eine kritische Temperatur $T_c = 304.2$ K und einen kritischen Druck $p_c = 73.7$ bar. Oberhalb dieses Punktes kann man nicht mehr zwischen gasförmiger und flüssiger Phase unterscheiden [10]. Man befindet sich im überkritischen Gebiet.

Überkritische Fluide verbinden Eigenschaften von Flüssigkeiten und Gasen [11]. Sie besitzen eine geringe Viskosität wie Gase und flüssigkeitsähnliche Dichten, d.h., das Lösungsvermögen entspricht dem einer Flüssigkeit. Durch Kombination dieser Viskositäten mit den Dichten erreicht man vergleichsweise hohe Diffusionskoeffizienten [12].

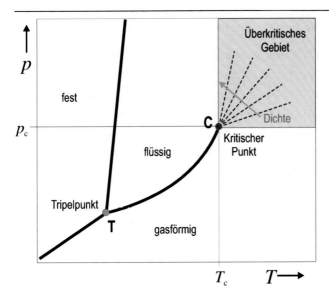

Abbildung 2.2 Phasendiagramm einer reinen Substanz [13].

Wasser und CO_2 sind die am häufigsten verwendeten Fluide, da diese nicht brennbar, ungiftig, leicht verfügbar und kostengünstig sind [11, 14]. Durch die niedrigen kritischen Daten von CO_2 (Tabelle 2.1) können auch thermisch und chemisch labile Substanzen in diesem überkritischem Fluid gelöst werden. Da in dieser Arbeit solche Substanzen (wie z.B. Pharmazeutika) untersucht werden, wird überkritisches CO_2 als Lösungsmittel verwendet.

Tabelle 2.1 Kritische Temperatur und kritischer Druck von verschiedenen Substanzen [6, 11].

Substanz	Kritische Temperatur (T_c)	Kritischer Druck (p_c)
CO_2	304.2 K	73.8 bar
Ethylen	283.1 K	51.2 bar
Ethan	305.4 K	48.8 bar
Toluol	593.9 K	42.2 bar
Wasser	647.3 K	220.5 bar
Trifluormethan	299.0 K	48.0 bar

2.3 Löslichkeit von Feststoffen in überkritischen Fluiden

In dieser Arbeit sollen Feststoffe in überkritischem CO_2 (scCO_2) gelöst werden. Um die maximale Löslichkeit der festen Substanzen in scCO_2 zu erreichen, sollte man das Phasendiagramm dieser Mischung verstehen. Es gibt verschiedene Phasendiagramme für Mischungen aus Feststoff und überkritischen Fluid. Für den im nächsten Kapitel beschriebenen RESS-Prozess (Kapitel 2.4) sind vor allem Phasendiagramme von so genannten asymmetrischen Mischungen wichtig. Bei diesen Mischungen unterscheiden sich die einzelnen Komponenten in der Struktur, der Größe ihrer Moleküle und ihren zwischenmolekularen Wechselwirkungen [15]. Dabei ist die kritische Temperatur der leichtflüchtigen Komponente (hier CO_2) deutlich niedriger als die Temperatur der schwerflüchtigen Komponente am Tripelpunkt [16].

In Abbildung 2.3 ist das Phasendiagramm einer asymmetrischen Mischung dargestellt. Die durchgezogenen Linien entsprechen dabei der Dampfdrucklinie der beiden reinen Komponenten ($L_1 = G_1$, $L_2 = G_2$) sowie der Sublimationsdruck- und Schmelzdrucklinie ($S_2 = L_2$) der reinen schwerflüchtigen Komponente. Wenn in der reinen flüchtigen Komponente der Feststoff gelöst wird, so kommt es zu einer Siedepunktserhöhung der flüchtigen Komponente. Dadurch verschiebt sich die Dampfdruckkurve der flüchtigen Komponente. Im Phasendiagramm ist das durch die gepunktete Dreiphasenlinie S_2LG dargestellt, bei der die feste schwerflüchtige Phase neben der gasförmigen und flüssigen Phase vorliegt. Der niedrigere kritische Endpunkt (LCEP) ist dabei der kritische Punkt der flüchtigen Phase in Anwesenheit des Feststoffes. Wird auf der anderen Seite die schwerflüchtige Komponente mit der Gasphase der leichtflüchtigen Komponente gemischt, so wird der Schmelzpunkt der schwerflüchtigen Komponente erniedrigt. Die Schmelzdruckkurve verschiebt sich zu der gestrichelten Dreiphasenlinie (S_2LG). Hier liegt neben der flüssigen und festen Phase der schwerflüchtigen Komponente auch die gasförmige Phase der leichtflüchtigen Komponente vor. Die gestrichelte Dreiphasenlinie S_2LG kann in zwei Typen unterteilt werden. Abhängig vom Stoffsystem tritt einer der beiden Typen auf. Bei Typ 1 ($S_2LG(I)$) nimmt die Schmelztemperatur mit steigendem Druck stetig ab und bei Typ 2 ($S_2LG(II)$) existiert ein Temperaturminimum im Kurvenverlauf [6].

Für asymmetrische Mischungen ist die Löslichkeit der leichter flüchtigen Komponente in der flüssigen Phase der schwerflüchtigen Komponente begrenzt. Das führt zu einer geringen Schmelzpunkterniedrigung der schweren Komponente. Deshalb existiert die gestrichelte Dreiphasenlinie (S_2LG) auch bei höheren Drücken und unterbricht die kritische

Mischungskurve in zwei Punkten, dem oberen kritischen Endpunkt (UCEP) und dem niedrigen kritischen Endpunkt (LCEP) [15]. Dabei ist UCEP der Schnittpunkt der kritischen Mischungskurve mit der Dreiphasenlinie [17]. Die kritische Mischungskurve verläuft von den kritischen Punkten der reinen Komponenten bis zu den oberen bzw. niederen kritischen Endpunkten. Oberhalb dieser Kurve liegen beide Komponenten überkritisch vor.

Zwischen den Temperaturen T_{LCEP} und T_{UCEP} sind die fluide Phase von Komponente 1 mit der festen Phase von Komponente 2 im Gleichgewicht. Dabei liegt die fluide Phase unter dem Druck p_{LCEP} gasförmig und über p_{LCEP} im überkritischen Zustand vor. Im letzteren Bereich sollte der RESS- Prozess stattfinden, da hier die überkritische fluide Komponente 1 mit der festen Komponente 2 (hier ist noch keine flüssige Phase von Komponente 2 vorhanden) im Gleichgewicht steht.

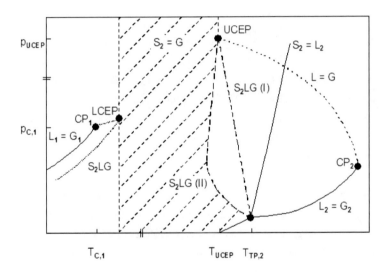

Abbildung 2.3 p-T- Diagramm einer asymmetrischen Mischung [18].
Die durchgezogenen Linien entsprechen den Phasenlinien der reinen Substanzen. Die gestrichelten Linien der durch Siedepunktserhöhung bzw. Gefrierpunktserniedrigung verschobenen Dreiphasenlinie der Mischung. Komponente 1 besitzt den Index eins, Komponente 2 den Index 2. Der schraffierte Bereich ist der Bereich, wo die feste schwerflüchtige Phase zusammen mit der flüssigen und gasförmigen bzw. überkritischen Phase der Komponente 1 vorliegt. Dieser Bereich entspricht somit dem Arbeitsbereich des RESS- Prozesses.

Dabei gibt es Unterschiede in der Löslichkeit der festen Komponente 2 in der überkritischen Komponente 1 in Abhängigkeit von Druck und Temperatur. In der Nähe des kritischen Druckes der leichtflüchtigen Komponente ändert sich die Löslichkeit der festen Komponente empfindlich mit Druck- und Temperaturänderungen, d.h. bei kleinen Änderungen kann die Löslichkeit um 2-3 Größenordnungen ansteigen [11]. Mit zunehmender Temperatur und bei höheren Drücken steigt der Gleichgewichtsmolenbruch an. Für einige Stoffsysteme wie z.B. CO_2/Naphthalin gibt es eine Ausnahme direkt oberhalb des kritischen Druckes [19]. Hier sinkt die Löslichkeit bei steigender Temperatur. Das wird retrogrades Verhalten genannt. Bei Drücken über dem 2,5fachen des kritischen Druckes gibt es bei weiterer Druckerhöhung kaum eine Erhöhung des Gleichgewichtsmolenbruches aufgrund unwesentlicher Änderung der Dichte von Komponente 1 [6].

2.4 Das RESS- Verfahren

RESS (englisch: **R**apid **E**xpansion of **S**upercritical **S**olutions) steht für schnelle Expansion überkritischer Lösungen. 1879 erkannten Hannay und Hogarth erstmals, dass der im überkritischen Medium gelöste Feststoff durch Reduzierung des Druckes als Partikel ausfällt [20]. Aber erst Krukonis nutzte diese Methode aus, um gezielt die Partikelgröße zu reduzieren und die Partikelgrößenverteilung mittels optischer Mikroskopie und REM zu charakterisieren [15, 21]. Das Grundprinzip beruht auf der Lösung eines Feststoffes in einem überkritischen Medium (siehe Kapitel 2.2, 2.3) und der Expansion der entstandenen überkritischen Lösung durch eine Düse mit geringen Durchmesser (siehe Kapitel 2.1). Aufgrund des großen Druckunterschiedes zwischen Reservoir und Umgebung (siehe Abbildung 2.1) kommt es zur starken Beschleunigung und damit zu einer Absenkung der Temperatur und des Druckes. Dies führt zu Übersättigung des Feststoffes und z.T. auch des Lösungsmittels (siehe Kapitel 2.3). Die Übersättigung des Feststoffes resultiert in der Partikelbildung und dem Partikelwachstum. Die genaue, theoretische Beschreibung der Partikelbildung beim RESS-Prozess erfolgte bereits z.B. von Debenedetti *et al.* [22, 23, 24], Türk *et al.* [25, 26] und Shaub *et al.* [27].

Die meisten bisherigen Studien verwenden $scCO_2$ als Lösungsmittel [5], aber es gibt auch Arbeiten, wo andere Lösungsmittel wie z.B. Trifluormethan [13], Ethan [28] oder Wasser [29] verwendet wurden. Die mikronisierten Produkte waren neben anorganischen bzw. organischen Substanzen hauptsächlich Polymere und pharmazeutische Substanzen [5]. Dabei wurden als erstes der Einfluss von Parametern wie Druck, Temperatur und Düsenform auf die

Partikelgröße untersucht. Diese scheinen stark stoffspezifisch zu sein. So untersuchte Debenedetti das System Phenanthren/ CO_2 und zeigte damit, dass eine Erhöhung der Extraktionstemperatur zu kleineren Partikeln führte [30]. Cihlar konnte u.a. für das Stoffsystem Cholesterin/ CO_2 zeigen, dass keine Abhängigkeit der Partikelgröße vom Extraktionsdruck und –temperatur vorliegen [13]. Domingo *et al.* haben die Düsenform variiert. Sie zeigten, dass die Partikelgröße von Benzoesäure, Salizylsäure und Acetylsalizylsäure abhängig von der Düsenform ist. Für Phenanthren gab es keine Änderung in der Partikelgröße bei Variation der Düsenform [31, 32]. Dabei waren die Partikelgrößen meistens größer als ein Mikrometer. Partikel mit Größen unter einen Mikrometer wurden von Türk *et al.* [6, 25, 26] und Signorell *et al.* [7, 8] hergestellt.

Ein Nachteil bei der Verwendung von CO_2 als Lösungsmittel ist, dass viele Substanzen nicht besonders gut löslich sind in $scCO_2$. Einige Studien versuchen die Löslichkeit der Substanzen mit einem meist flüssigen Kosolvent (z.b. Methanol, Ethanol) zu erhöhen [5]. Dadurch wird allerdings der Vorteil der leichten Abtrennung des Lösungsmittels beseitigt [33]. Ein zweiter Nachteil der mit RESS produzierten Partikel ist, dass diese teilweise stark agglomerieren und koagulieren [7, 8, 34]. Das ist vor allem für pharmazeutische Substanzen der Fall. Um dies zu verhindern, gab es in letzter Zeit verschiedene Modifikationen des RESS-Verfahrens. Eine Möglichkeit ist die direkte Expansion der überkritischen Lösung in eine wässrige Lösung (häufig Polymerlösungen). So haben Panthak *et al.* [35] Ibuprofen und Naproxen in eine wässrige PVP Lösung expandiert. Türk *et al.* [36] haben Phytosterol in wässrige Tensidlösungen expandiert. Diese Gruppe hat auch Ibuprofen direkt in das poröse Cyclodextrin abgeschieden [37]. Eine weitere Möglichkeit Agglomeration und Koagulation zu vermeiden, ist das Zufügen einer zweiten Substanz, die das eigentliche Produkt umhüllen soll. So hat Kim *et al.* [38] Naproxen mit L-PLA und Tom *et al.* [39] Lovastatin mit DL-PLA beschichtet.

2.5 Partikelgrößenverteilungen

Viele Größenverteilungen für Aerosole lassen sich über eine lognormale Verteilung darstellen. Die Lognormalverteilung wird durch den geometrischen Mittelwert d_g und die geometrische Standardabweichung σ_g charakterisiert [40]. Der geometrische Mittelwert d_g ergibt sich aus

$$\ln d_g = \frac{\sum n_i \ln d_i}{N} \tag{2.2}$$

mit der Teilchenanzahldichte n_i bei einem bestimmten Durchmesser d_i. Die Gesamtanzahldichte entspricht dem Quotienten Anzahl der Teilchen n_i pro Volumen V und wird in der Einheit cm^{-3} angegeben. Da die Argumente von Logarithmen dabei formal dimensionslos sind, werden die Durchmesser d_i durch den Einheitsdurchmesser $d_0 = 1$ dividiert. Zur besseren Übersicht wird d_0 in den hier dargestellten Gleichungen weggelassen [41]. Weiterhin ist N die Gesamtanzahlkonzentration der Teilchen. Es gilt $\sum n_i = N$. Mit diesen Parametern und dem geometrischen Mittelwert d_g lässt sich die geometrische Standardabweichung σ_g wie folgt berechnen

$$\ln \sigma_g = \left(\frac{\sum n_i (\ln d_i - \ln d_g)^2}{N-1} \right)^{1/2} \tag{2.3}$$

Bei einer lognormalen, symmetrischen anzahlgewichteten Verteilung entspricht der geometrische Mittelwert dem *CMD*. Der *CMD* ist ein anzahlgewichteter Medianwert (engl. **C**ount **M**edian **D**iameter), der die Häufigkeitsverteilung in zwei gleich große Flächen teilt. Die Wahrscheinlichkeit P_i, dass ein Partikel mit dem Durchmesser d_i in dem Partikelkollektiv existiert, ergibt sich wie folgt

$$P_i = \frac{1}{\sqrt{2\pi} \ln \sigma_g} \exp\left(-\frac{(\ln d_i - \ln CMD)^2}{2(\ln \sigma_g)^2} \right) \tag{2.4}$$

Wenn die Gesamtteilchenanzahl N (entspricht der Fläche unter der Lognormalverteilung) bekannt ist, kann die Anzahl n_i der Partikel mit dem Durchmesser d_i wie folgt bestimmt werden

$$n_i = \frac{N}{\sqrt{2\pi} \ln(\sigma)} \exp\left(\frac{[\ln(d_i) - \ln(CMD)]^2}{2[\ln(\sigma)]^2} \right) = N \cdot P_i \tag{2.5}$$

2.6 Messprinzip der 3-Wellenlängen-Extinktionsmessung

Das Verfahren beruht auf der Extinktionsmessung von Lasern mit unterschiedlichen Wellenlängen λ durch ein Partikelkollektiv. Bei der Extinktionsmessung durch ein Partikelkollektiv wird ein Teil der eingestrahlten Lichtintensität I_0 durch Absorption (Intensität I_{abs}) aus dem Lichtstrahl und durch Streuung aus der Hauptausbreitungsrichtung (Intensität I_{sca}) reduziert. Mit einem Detektor wird der verbleibende Teil der Lichtintensität I gemessen. Diese Abschwächung der Intensität I_0 wird durch das Lambert-Beersche Gesetz beschrieben.

$$E = -\ln\left(\frac{I}{I_0}\right) = l \cdot \sum_i n_i \cdot c_{ext,i} \tag{2.6}$$

Dabei wird der negative natürliche Logarithmus des Verhältnisse I / I_0 als Extinktion E bezeichnet. Die Extinktion ist proportional zur Weglänge l des Lichtes durch das Partikelkollektiv und zur Anzahlkonzentration n_i der Partikel mit dem Durchmesser d_i. Die Proportionalitätskonstante $c_{ext,i}$ heißt Extinktionsquerschnitt und setzt sich aus den Anteilen für die Absorption und die Streuung zusammen [42]. Der Gesamtstreuquerschnitt C_{ext} für ein Partikelkollektiv ergibt sich aus der Summe der Einzelstreuquerschnitte $c_{ext,i}$ der Partikel. Der Extinktionsquerschnitt ist abhängig von der Größe und Form der streuenden Teilchen sowie von den optischen Eigenschaften der Teilchen und des umgebenden Mediums. Die optischen Eigenschaften der Partikel sind gegeben durch den komplexen Brechungsindex $m = n + i \cdot k$. Der komplexe Brechungsindex m ist abhängig von der Wellenlänge λ des eingestrahlten Lichtes und setzt sich aus dem Realteil n sowie dem Imaginärteil k zusammen [41]. Der Brechungsindex des Mediums kann in guter Näherung als eins angenommen werden. Für kugelförmige Teilchen lässt sich der Extinktionskoeffizient mit der Mie-Theorie berechnen (siehe Kapitel 2.7). Da eine Lognormalverteilung angenommen wird, lässt sich mit Gleichung (2.5) das Lambert Beersche Gesetz in Gleichung (2.7) bzw. (2.8) umwandeln.

$$I = I_0 \cdot \exp(-l \cdot \int_0^\infty n(d_i) \cdot c_{ext}(d_i, \lambda, m) dd_i \quad \text{bzw.} \tag{2.7}$$

$$I = I_0 \cdot \exp(-l \cdot N \cdot \int_0^\infty P_i(d_i) \cdot c_{ext}(d_i, \lambda, m) dd_i \tag{2.8}$$

Dabei ist P_i die Wahrscheinlichkeit, dass ein Partikel mit dem Durchmesser d_i im Partikelkollektiv existiert (Gleichung (2.4)). In den Gleichungen (2.7) bzw. (2.8) sind neben dem Durchmesser d_i und dem komplexen Brechungsindex m auch die Gesamtanzahldichte N und die optische Weglänge l unbekannt. Um letztere zu eliminieren, können die Extinktionen zweier Laser mit unterschiedlichen Wellenlängen λ geteilt durcheinander werden. Man erhält das Extinktionsverhältnis DQ. Hat man drei unterschiedliche Wellenlängen zur Verfügung, so kann man zwei voneinander unabhängige Extinktionsverhältnisse, auch Dispersionskoeffizienten genannt, DQ_1 und DQ_2 bilden [43]:

$$DQ_1 = \frac{\int_0^\infty P_i(d_i)c_{ext}(d_i, \lambda_1, m) dd_i}{\int_0^\infty P_i(d_i)c_{ext}(d_i, \lambda_2, m) dd_i}, \quad DQ_2 = \frac{\int_0^\infty P_i(d_i)c_{ext}(d_i, \lambda_2, m) dd_i}{\int_0^\infty P_i(d_i)c_{ext}(d_i, \lambda_3, m) dd_i} \tag{2.9}$$

Somit erhält man 2 Gleichungen mit vier Unbekannten, dem Realteil n und dem Imaginärteil k des komplexen Brechungsindexes m sowie dem CMD und σ_g aus der Wahrscheinlichkeit P_i (Gleichung (2.4)). Der Realteil n und der Imaginärteil k des komplexen Brechungsindexes sind teilweise in Tabellen aufgeführt. Für die Partikelgrößenverteilung wird eine lognormale Verteilung angenommen. Somit ergeben sich die Dispersionskoeffizienten in Abhängigkeit von dem Medianwert CMD und von der geometrischen Standardabweichung. Bei bekanntem komplexen Brechungsindex lässt sich mit einem Labview Programm für einen bestimmten Wertebereich von CMD's und Standardabweichungen eine sog. Mie-Ebene über die Gleichungen (2.9) berechnen (Abbildung 2.4). In dieser Ebene werden die experimentellen Daten durch Bestimmung des Dispersionskoeffizienten (DQ_1^{exp}, DQ_2^{exp}) eingetragen. Damit können CMD und Standardabweichung abgelesen werden.

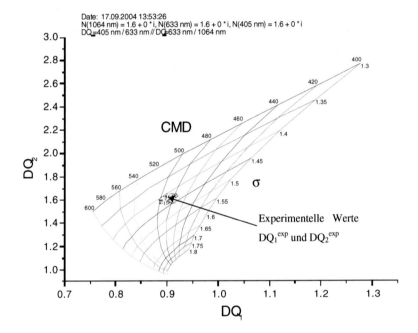

Abbildung 2.4 Beispiel für die Bestimmung der Parameter einer Größenverteilung.

Das farbige Netz entspricht der theoretisch berechnete Mie-Ebene mit den theoretischen *CMD* und σ, damit lassen sich die Parameter für die ebenfalls in dieser Grafik eingetragenen experimentellen Daten (*CMD* ~490 nm, σ ~ 1.43) bestimmen.

2.7 Mie-Theorie

Mit der klassischen Streutheorie lässt sich die Streuung und Absorption von Licht an Aerosolpartikeln berechnen [42]. Wenn die Partikel kugelförmig sind, spricht man von Mie-Theorie. Dabei geht man von Partikeln mit bekannten Radius r_i und bekannten komplexen Brechungsindex $m = n + i \cdot k$ aus. Der Realteil n ist dabei ein Maß für die Stärke der Streuung und der Imaginärteil k ein Maß für die Stärke der Absorption. Der komplexe Brechungsindex des die Partikel umgebenden Mediums wird hier in guter Näherung gleich eins gesetzt. Die Form der Maxwellschen Gleichungen mit Randbedingungen sind in [42] gegeben. Die mathematische Darstellung und Lösung der Maxwellschen Gleichungen ist ebenfalls in [42] im Detail beschrieben. Aus der Lösung dieser Gleichung ergeben sich die Effizienzfaktoren für Extinktion $q_{\text{ext,i}}$, Absorption $q_{\text{abs,i}}$ bzw. Streuung $q_{\text{sca,i}}$. Diese Effizienzfaktoren sind das Verhältnis zwischen Extinktionsquerschnitt $c_{\text{ext,i}}$ (Absorptions- $c_{\text{abs,i}}$ bzw. Streuungsquerschnitt $c_{\text{sca,i}}$) und der Querschnittsfläche der Kugel $A = \pi \cdot r_i^2$. Damit gilt:

$$Q_{ext} = Q_{abs} + Q_{sca} = \frac{C_{ext}}{A} = \frac{C_{abs} + C_{sca}}{A} \quad \text{und} \quad \begin{matrix} Q_{ext} = \sum_i q_{ext,i} \\ C_{ext} = \sum_i c_{ext,i} \end{matrix} \qquad (2.10)$$

Aus dem Lambert Beerschen Gesetz (Gleichung (2.6)) lässt sich die Extinktion E bestimmen.

2.8 Das Lorentz Modell

Die optischen Eigenschaften von Partikeln lassen sich über den komplexen Brechungsindex $m = n + i \cdot k$ oder mit komplexen dielektrischen Funktion $\varepsilon = \varepsilon_1 + i \cdot \varepsilon_2$ beschreiben. Diese beiden Darstellungen hängen wie folgt voneinander ab [42]:

$$n = \left[\frac{\sqrt{(\varepsilon_1^2 + \varepsilon_2^2)} + \varepsilon_1}{2} \right]^{1/2} \qquad k = \left[\frac{\sqrt{(\varepsilon_1^2 + \varepsilon_2^2)} - \varepsilon_1}{2} \right]^{1/2} \qquad (2.11)$$

Der Brechungsindex ist frequenzabhängig. Deshalb kann aus einem Partikelspektrum der Brechungsindex berechnet werden. Im infraroten Bereich kann der Brechungsindex näherungsweise mit einem klassischen Oszillatormodell wie dem Lorentz Modell beschrieben werden [44]. Beim Lorentz Modell wird die polarisierbare Materie als eine Ansammlung von identischen, unabhängigen, isotropen und harmonischen Oszillatoren betrachtet [42]. Die dielektrische Funktion für ein System harmonischer Oszillatoren mit der Wellenzahl $\tilde{\nu}$ ist

$$\varepsilon = \varepsilon_e + \sum_s \frac{\tilde{\nu}_s^2 f_s}{\tilde{\nu}_s^2 - \tilde{\nu}^2 - i\gamma_s \tilde{\nu}} \tag{2.12}$$

Dabei ist ε_e eine Konstante, die dem Wert der dielektrischen Funktion bei hohen Frequenzen verglichen mit den Schwingungsanregungen entspricht. Die aufsummierten Oszillatoren (Gleichung (2.12)) werden durch die Resonanzwellenzahl $\tilde{\nu}_s$, ihre reduzierte Oszillatorenstärke f_s und eine Dämpfungsbreite γ_s charakterisiert.

Zur Bestimmung des komplexen Brechungsindexes von kugelförmigen Partikeln benötigt man neben dem IR-Spektrum auch die Größenverteilung der Partikel. Als erstes werden die Lorentzparameter geschätzt. Damit wird der Brechungsindex mit Gleichung (2.11) berechnet. Mit den erhaltenen optischen Daten und den Größenparametern wird über die Mie-Theorie (siehe Kapitel 0) ein Spektrum ermittelt. Die Lorentzparameter werden solange optimiert, bis das angepasste Spektrum gut mit dem experimentellen Spektrum übereinstimmt.

Kapitel 3 Experimentelles

Mit der hier aufgebauten Apparatur können Nanopartikel aus Feststoffen mit dem RESS-Verfahren hergestellt und anschließend mit verschiedenen Methoden charakterisiert werden. Die Bildung der Partikel geschieht durch schnelle Expansion überkritischer Lösungen (eigentliche RESS-Apparatur in Abbildung 3.1). Die Expansion erfolgt dabei gepulst in die Expansionskammer. Zur Charakterisierung werden verschiedene Methoden verwendet (Abbildung 3.1). Im Vergleich zu anderen Arbeiten mit RESS kann mit FTIR-Spektroskopie und Drei-Wellenlängen-Extinktionsmessung (3-WEM) in situ, auch direkt während der Expansion gemessen werden. Da sich die Düse verschieben lässt und die Expansionskammer evakuiert werden kann, ist es möglich sowohl in der kollisionsfreien Ruhezone als auch im Bereich hinter der Machscheibe Messungen durchzuführen (siehe Kapitel 3.1). Außerdem können die Partikel nach der Expansion mit einem Scanning Mobility Particle Sizer (SMPS) online, mit Rasterelektronenmikroskopie (REM) und Röntgendiffraktometrie offline untersucht werden.

Im folgenden Kapitel wird zuerst der Aufbau der Apparatur (Kapitel 3.1) und die Methoden zur Charakterisierung der Partikel (Kapitel 3.2) erläutert. In Kapitel 3.3 wird auf die Versuchsdurchführung und Datenaufnahme genauer eingegangen. Anschließend erfolgt separat die Charakterisierung der Überschallexpansion (Kapitel 3.4) und der gepulsten Expansion (Kapitel 3.5). Die eingesetzten Chemikalien werden in Kapitel 3.6 spezifiziert.

3.1 Apparativer Aufbau

Hauptbestandteile der Apparatur sind die eigentliche RESS-Apparatur, die Expansionskammer mit der Optik für die FTIR- Spektroskopie und das große Puffervolumen mit dem Pumpensystem (Abbildung 3.1, Seite 22).

Für die meisten Untersuchungen wurde eine RESS-Apparatur mit einem Extraktor und einem Reservoir verwendet (Kapitel 3.1.1). Für die Untersuchungen von Ibuprofen mit Polymilchsäure wurde eine zweite Apparatur gebaut (Kapitel 3.1.2), die aus zwei Extraktoren und zwei Reservoirs besteht. Bei Versuchen mit mehreren Feststoffen (wie Ibuprofen mit Polymilchsäure in Kapitel 10) können diese jeweils in separaten Extraktoren gelöst werden.

3.1.1 RESS-Apparatur 1

Das RESS-Prinzip beruht auf der Extraktion einer schwerlöslichen Substanz in überkritischen CO_2 und der Expansion dieser Lösung durch eine Düse mit sehr kleinem Durchmesser (siehe Kapitel 3.4). Dabei wird das CO_2 aus dem Gasreservoir entnommen, mit einem Kryostaten gekühlt und mit einer Doppelkolbenpumpe (Pumpe 1, Eigenbau) auf einen Druck von $p \leq 400$ bar gebracht. Ein Vorerhitzer kann das CO_2 bis auf $T \leq 500$ K aufheizen. Dieser ist eine beheizbare lange Spirale (Thermocoax). Das im überkritischen Zustand befindliche CO_2 gelangt in den Extraktor (SITEC-Sieber Engineering AG) und löst dort die feste Substanz. Der Extraktor ist ein heizbarer Hochdruckautoklav und enthält ein poröses Metallsieb, auf dem sich die Substanz befindet. Das Metallsieb (Eigenbau) verhindert, dass größere Feststoffbruchstücke den Extraktor verlassen. Die entstandene Lösung gelangt in das ebenfalls beheizbare Hochdruckreservoir (Eigenbau). Das Reservoir ist über einen Hochdruckschlauch mit dem pneumatischen Ventil in der Expansionskammer verbunden (siehe Abbildung 3.1). Durch das pneumatische Ventil erfolgt die Expansion über die Düse in die Expansionskammer in gepulster Form (Pulsdauer > 100 ms). Der innere Düsendurchmesser variiert mit $d = 20, 50, 100$ und 150 μm und die Länge der Düse beträgt $l = 250$ μm (Microliquids GmbH, ML2HD). Die Düse kann separat von der restlichen Apparatur auf $T < 500$ K erhitzt werden. Während der Expansion wird der Druck im Reservoir mit einer zweiten Doppelkolbenpumpe (Pumpe 2, Eigenbau) über einen beweglichen Kolben konstant gehalten. Dazu wird Heptan als Druckmedium verwendet.

Reservoir und Extraktor besitzen beide Heizmäntel (Heizleiter von Thermocoax) und können über ein Hochdruckventil (SITEC-Sieber Engineering AG) voneinander getrennt werden. Die Hochdruckkapillaren werden mittels Heizbändern (Horst GmbH) aufgeheizt. Die Steuerung der Temperatur erfolgt mit Thermoelementen, die an einen Scanner angeschlossen sind, und mit einem selbst geschriebenen Programm. Die genaue Beschreibung der Temperaturkontrolle erfolgt in Kapitel 3.3.1.

3.1.2 RESS-Apparatur 2

Um auch Mischpartikel herzustellen zu können, wie z.b. Partikel aus einem pharmazeutischen Wirkstoff, umhüllt von einer Schicht aus Biopolymer (siehe Kapitel 10) wurde eine zweite RESS-Apparatur gebaut. Bei dieser kann das überkritische CO_2 auf zwei Extraktoren verteilt werden. Ein Extraktor enthält z.B. den Wirkstoff, der andere das Polymer. Die Lösungen gelangen in je ein Reservoir. Nach den Reservoirs werden die beiden Lösungen wieder zusammengeführt und zusammen über den Hochdruckschlauch durch die Düse in die Expansionskammer expandiert (Abbildung 3.1). Da die Löslichkeiten der Substanzen unterschiedlich sein können, richtet sich das Verhältnis der zu expandierenden Substanzen nach dem Löslichkeitsgleichgewicht. Bei der neuen Apparatur lässt sich dieses Verhältnis im Gegensatz zur ersten Apparatur über die Temperaturen in den Reservoirs und die zugeführte Lösungsmenge nach den Reservoirs steuern. Die Kontrolle über die Endkonzentration der Substanzen in den Partikeln erfolgt mittels der Charakterisierungsmethoden (siehe Kapitel 3.2).

3.1.3 Expansionskammer

Die Expansionskammer und das Puffervolumen bilden eine große Vakuumkammer (0.8 m^3, Abbildung 3.1). Die Expansionskammer ist ein Edelstahlrohr (Volumen etwa 0.04 m^3), das 800 mm lang ist und einen Durchmesser von 250 mm besitzt. Sie ist über die Düse und das pneumatische Ventil mit der RESS-Apparatur verbunden Auf der Seite zum Puffervolumen hin trennen ein Zugschieber und ein absperrbarer Bypass das großen Puffervolumen von der Expansionskammer.

Die Düse mit dem pneumatischen Hochdruckventil lässt sich über eine Spindel entlang ihrer Längsachse um bis zu 30 cm relativ zur Position der spektroskopischen Untersuchungen mit FTIR und 3-WEM verschieben. Deshalb erfolgt die Verbindung von RESS-Apparatur zur Düse durch einen beweglichen Hochdruckschlauch. Durch diese lineare Verschiebung der Düse lassen sich die unterschiedlichen Regionen der Expansion untersuchen [8] (Kapitel 3.1.1).

Für die in situ Untersuchungen mit FTIR-Spektroskopie ist die Expansionskammer mit zwei Fenstern aus KBr (∅ 50 mm × 5 mm) versehen. Die KBr-Fenster trennen die Expansions- von der Spektrometer- und Detektionskammer, um zu vermeiden, dass Partikel in die Optik gelangen. Die genaue Beschreibung der Optik erfolgt in Kapitel 3.2.1.

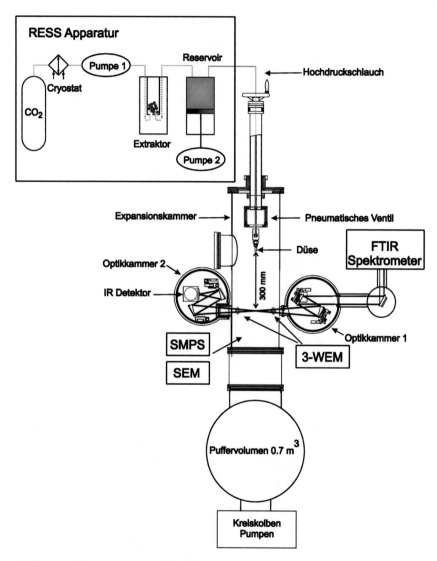

Abbildung 3.1 Schema des experimentellen Aufbaus.

Die vier Fenster aus Quarzglas ($\varnothing$ 25 mm × 5 mm) für die 3-WEM befinden sich direkt unter (Lasereingang) bzw. über den KBr-Fenstern (Laserausgang) (siehe Kapitel 3.2.3). Damit können mit beiden Charakterisierungsmethoden Messungen am gleichen Ort der Expansion erfolgen. Weiterhin enthält die Expansionskammer Flansche. An diese werden die Manometer (MKS Baraton, 0-10 mbar und 10-1000 mbar) angebracht oder sie stellen die Verbindung für SMPS Untersuchungen her.

3.1.4 Puffervolumen mit Pumpenstand

Das Puffervolumen ist ein großer Edelstahlbehälter mit einem Volumen von 0.7 m³. Er dient zusammen mit der Expansionskammer zur Begrenzung des Druckanstieges in der Expansionskammer während der Expansion. Dieses Prinzip zur Begrenzung des Druckanstieges mit großen Puffervolumen wurde erstmals in [9, 45] für die Messung von kleinen Clustern verwendet. Das Puffervolumen ist über ein langes Rohr mit zwei Sperrschieberpumpen (Leybold-Heraeus E 250 und DK 100) verbunden. Der erreichbare Enddruck in der Expansionskammer beträgt $p_b = 3 \cdot 10^{-2}$ mbar. Mit einer 50 µm Düse und einem Reservoirdruck von $p = 400$ bar in der RESS-Apparatur steigt der Druck in der Expansionskammer auf 0.16 mbar bzw. 0.55 mbar nach einem Puls von 0.5 s bzw. 2 s Dauer. Der maximale Volumenstrom, den die beiden Sperrschieberpumpen zusammen fördern können, beträgt 350 m³/ h.

3.2 Charakterisierungsmethoden

3.2.1 FTIR-Spektroskopie

Mit Infrarotspektroskopie lassen sich Partikeleigenschaften analysieren, da die Spektren Informationen über die Größenverteilung, die chemische Zusammensetzung und über strukturelle Aspekte der Partikel enthalten. Die Infrarotspektren werden in situ in der Expansionskammer mittels eines Bruker IFS 66v/s FTIR Spektrometers aufgenommen. Die Aufnahme der Infrarotspektren erfolgt senkrecht zur Expansion. Der Strahlenverlauf ist in Abbildung 3.1 dargestellt. Zuerst wird der parallele Ausgangsstrahl vom Spektrometer (Lichtquelle: Globar) über einen planaren Spiegel und ein Verbindungsrohr auf einen zweiten planaren Spiegel in der Optikkammer 1 geleitet. Von diesem planaren Spiegel wird der IR-Strahl auf einen Parabolspiegel (327 mm Brennweite) umgeleitet, welcher das Licht in die

Mitte der Expansionskammer fokussiert. Nachdem das Licht die Expansionskammer passiert hat, wird es von einem zweiten Parabolspiegel (327 mm Brennweite) aufgenommen und an einen dritten Parabolspiegel (Brennweite 109 mm) weitergeleitet. Der dritte Parabolspiegel, der eine kleinere Brennweite hat, fokussiert den IR-Strahl auf den mit Stickstoff gekühlten MCT- Detektor in der Optikkammer 2 (Abbildung 3.1). Für statische Messungen (siehe Kapitel 3.3.2) kann der Abstand zwischen den KBr- Fenstern als optische Weglänge (siehe Gleichung (2.6)) betrachtet werden, da die Partikel gleichmäßig über die Expansionskammer verteilt sind. Die optische Weglänge beträgt 324 mm. Während der Messungen werden das Spektrometer und die Optik separat evakuiert.

Für das IFS 66v/s FTIR Spektrometer wurde ein KBr-Strahlteiler, als Lichtquelle ein Globar und als Detektor ein DTGS- (intern) bzw. ein MCT-Detektor verwendet. Mit dem rapid-scan Mode des Spektrometers ist es möglich die Datenaufnahme der Infrarotspektren synchron zu der gepulsten Expansion durchzuführen. Dieses Verfahren FTIR-Spektroskopie in gepulsten Überschallexpansionen durchzuführen, wurde bereits in [9, 45] anwendet. Mit einer Scannergeschwindigkeit von 280 kHz, kann ein Scan in 31 ms bei einer Auflösung von 2 cm^{-1} aufgenommen werden. Dadurch können mehrere Scans (ca. 30 Scans) während eines Pulses (typische Pulsdauer: ~ 1 s) aufgenommen werden. Für ein gutes Signal-Rausch-Verhältnis müssen mehr als 500 Scans gemittelt werden. Die Steuerung und die Aufnahme der Spektren erfolgt mit der Spektrometersoftware OPUS$^{©}$. Die Ausgabe der Spektren geschieht als Extinktionsspektren (siehe Gleichung (2.6)).

3.2.2 Scanning Mobility Particle Sizer (SMPS)

Die Anzahlgrößenverteilung von Partikeln lässt sich online mit dem Scanning Mobility Particle Sizer (TSI 3934) bestimmen. Das SMPS ist die exakteste Methode zur Partikelgrößenbestimmung. Sie kann jedoch nur für nicht flüchtige Substanzen verwendet werden. Das SMPS besteht aus einem Differential Mobility Analyzer (DMA, TSI 3080L/N) und einem Condensation Particle Counter (CPC, TSI 3022A). Der Analyzer klassifiziert die Partikel entsprechend ihrer Mobilität in einem elektrischen Feld. Dazu werden die Partikel nach Abtrennung sehr großer Partikel durch einen Impaktor am Aerosoleinlass durch eine ^{85}Kr-Quelle ionisiert. Im DMA (Abbildung 3.2 a) beeinflusst ein elektrisches Feld die Flugbahn der Teilchen. In Abhängigkeit vom elektrischen Feld, welches variiert wird, haben nur Partikel mit einem bestimmten Durchmesser und einer bestimmten Ladung die richtige Flugbahn um den Ausgang zum Zähler (CPC, Abbildung 3.2 b) zu passieren. Im CPC werden die Partikel zunächst mit *n*-Butanoldampf gesättigt und anschließend abgekühlt. Die Partikel dienen dabei als Kondensationskeime und wachsen zu µm großen Partikeln, die optisch durch Laserstreuung gezählt werden können.

Nachteilig ist, dass das SMPS nur bei Atmosphärendruck und Raumtemperatur arbeitet. Es kann deshalb nur für bestimmte Experimente verwendet werden. Außerdem arbeitet es im Vergleich zu den in situ Methoden langsamer. Die Messzeit für eine Größenverteilung beträgt 2 min. Mit dem SMPS können Partikeldurchmesser im Bereich von 10 nm bis 900 nm bestimmt werden. Größere Partikel sind nicht mehr erfassbar.

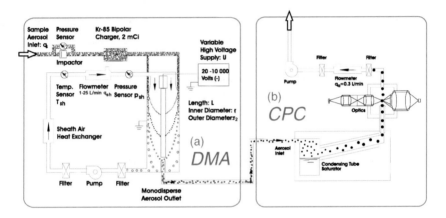

Abbildung 3.2 Schema des SMPS.
Es besteht aus dem Differential Mobility Analyzer (a) und dem Condensation Particle Counter (b) [41]

3.2.3 3-Wellenlängen-Extinktionsmessung (3-WEM)

Mit der 3-Wellenlängenextinktionsmessung (3-WEM) kann die Größenverteilung der Partikel in situ in der Expansionskammer gemessen werden. Sie basiert auf der Extinktionsmessung von Laserlicht. Die theoretischen Grundlagen wurden bereits in Kapitel 2.6 beschrieben. Der Aufbau der 3-WEM Messung ist in Abbildung 3.3 dargestellt. Die Partikel werden in der Expansionskammer von drei Lasern mit den Wellenlängen $\lambda_1 = 405$ nm (CL2000 Kristalldiodenlaser, Laser 2000 GmbH), $\lambda_2 = 633$ nm (HeNe-Laser, Laser 2000 GmbH) and $\lambda_3 = 1064$ nm (STA01-Festkörperdiodenlaser, Standa Ltd.) durchstrahlt. Die Laserstrahlen werden über verschiedene Umlenkspiegel in die Expansionskammer eingekoppelt. Dazu befinden sich je zwei mal zwei Fenster aus Quarzglas (25 mm × 5 mm) für den Ein- und Austritt des Laserstrahl in der Expansionskammer (Position F, Abbildung 3.3). Die Detektion der Lichtintensität nach Austritt des Strahls aus der Detektionskammer erfolgt mittels einer Silizium Photodiode (Hamamatsu S1336-5BQ) für die Laser mit λ_1, λ_2 und einer InGaAs-Photodiode für den IR-Laser. Der Abstand vom Eintritts- zum Austrittsfenster beträgt 298 mm. Das kann als optische Weglänge für statische Messungen (siehe Kapitel 3.3.2) angesehen werden, da die Partikel annähernd gleichmäßig in der gesamten Zelle verteilt sind. Das analoge Mess-Signal der Photodioden muss mittels A/D-Wandler, hier ein Zweikanal-Oszilloskop (9410, LeCroy), digitalisiert werden. Die Auswertung und Ausgabe der Ergebnisse erfolgt mit Hilfe von Programmen, die mit Labview geschrieben wurden. Da aus Platzgründen nur zwei Strahlengänge vorhanden, aber 3 Laser für die Größenbestimmung (siehe Kapitel 2.6) nötig sind, wird zwischen dem HeNe-Laser und dem blauen Diodenlaser mittels verschiebbaren Umlenkspiegel (Position D, Abbildung 3.3) umgeschaltet. Dadurch müssen zum Erhalt der drei Extinktionsmessdaten zwei Messungen durchgeführt werden, wobei die Extinktionsdaten des IR-Diodenlasers beider Messungen gleich sein sollten.

Das 3-WEM liefert jedoch nur eine grobe Abschätzung der Größenverteilung. Der Grund liegt in den Annahmen, die für die Auswertung der Messdaten getroffen werden müssen. Die Partikelform und der Typ der Größenverteilung müssen festgelegt werden. Hier werden die Partikel immer als kugelförmig angenommen und als Größenverteilung wird eine Lognormalverteilung angenommen. Das 3-WEM zeichnet sich durch eine hohe Zeitauflösung (μs) aus. Ein weiterer Pluspunkt des Verfahrens ist die Tatsache, dass es unter verschiedenen experimentellen Bedingungen (Temperatur, Druck) verwendet werden kann.

3.2.4 Rasterelektronenmikroskopie (REM)

Mit Rasterelektronenmikroskopie (REM) lässt sich neben der Größenverteilung der Partikel auch die Form der Partikel bestimmen. Für die Untersuchungen mit Phenanthren wurde ein Philips SEM 515, für alle anderen Versuche wurde ein LEO Supra 35 (Carl Zeiss NTS GmbH) verwendet. Eine schematische Darstellung des REM ist in Abbildung 3.4 dargestellt. Bei REM wird die Oberfläche des Festkörpers von einem scharf fokussierten Elektronenstrahl Punkt für Punkt vollständig abgetastet [46]. Dazu werden durch Glühemission Elektronen aus einer Kathode emittiert (Elektronenquelle). Bei dem Gerät von Philips wird eine LaB$_6$-Kathode oder ein Wolframdraht verwendet, beim Leo Supra eine Feldemissionskathode.

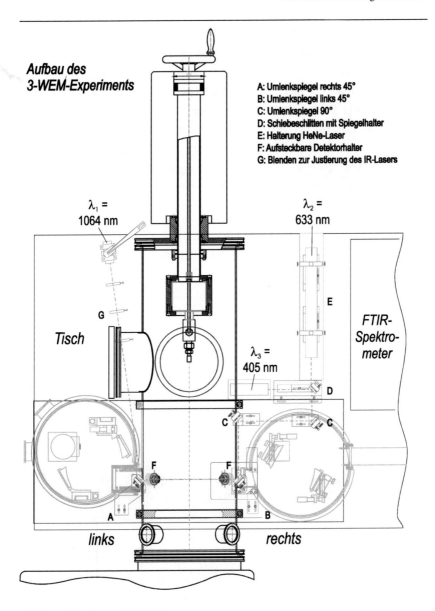

Abbildung 3.3 Aufbau der 3-WEM Messung.
Die dazu verwendeten Bauteile sind rot und die Strahlengänge grün dargestellt. Die Kammern mit der Optik für die IR-Spektroskopie liegen höher als die Umlenkspiegel.

Die Elektronen werden mit bis zu 30 kV durch eine Anode beschleunigt. Der entstandene Elektronenstrahl wird durch elektromagnetische Linsen fokussiert und mit einem Ablenkspulensystem über die Probenoberfläche geführt [47]. Nach dem Auftreffen des Primärstrahls auf der Oberfläche werden Sekundär- und rückgestreute Elektronen detektiert und verstärkt [48]. Das Leo Supra besitzt einen Inlensdetektor und einen Everhart-Thornley Detektor (SE2-Detektor). Das hier verwendete Gerät (LEO Supra 25) besitzt eine maximale Auflösung von 1.7 nm bei 15 kV. Da die untersuchten Proben empfindlich sind, wurde mit einer maximalen Spannung von 5 kV gearbeitet. In [49] ist der Aufbau und die Funktionsweise von LEO Supra 25 genauer beschrieben. Die Beschreibung der Probenahme erfolgt in Kapitel 3.3.3.

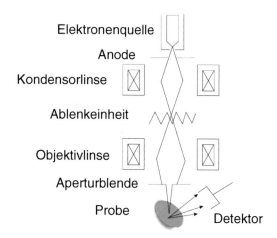

Abbildung 3.4 schematische Darstellung eines Rasterelektronenmikroskops

Ein Problem beim REM ist die Probenahme. Dabei können die Partikel agglomerieren und koagulieren. Dadurch können sich die Form und die Größenverteilung der Partikel verändern. Die Größenverteilung erhält man durch Auszählen der Partikel aus den aufgenommenen REM Bildern. Da im Vergleich zum SMPS nur sehr wenige Partikel ausgewertet werden, ist die Verteilung sehr grob. Ein weiterer Nachteil sind die niedrigeren Drücke und die hohe Spannung im REM, die auf die Partikel wirken. Flüchtige Substanzen können bei den niedrigen Drücken verdampfen. Die hohe Spannung des Elektronenstrahls kann die Partikel zerstören. Der Pluspunkt des REM ist, dass es die einzige Methode ist, mit welcher die Form der Partikel detektiert werden kann.

3.2.5 Pulverdiffraktometrie

Mit Pulverdiffraktometrie lassen sich die Struktur und die Kristallinität der mikronisierten, pulverförmigen Substanzen bestimmen. Für die Untersuchungen mit Ibuprofen wurde ein Bruker D8 Advance Diffraktomer verwendet. Als Röntgenquelle wird eine Röntgenröhre mit einer Cu-Anode verwendet. Mittels Monochromator wird die Röntgenstrahlung auf eine Wellenlänge begrenzt (hier: $\lambda = 1.544$ Å). Trifft dieser Röntgenstrahl im Winkel θ auf die Kristalloberfläche, so wird ein Teil der Strahlung an der Atomschicht an dieser Kristalloberfläche gestreut. Der ungestreute Teil trifft auf eine zweite Atomschicht. Es wird wieder ein Teil der Strahlung gestreut und die restliche Strahlung trifft auf die dritte Schicht usw. Die gestreuten Röntgenstrahlen können destruktiv oder konstruktiv interferieren [50]. Wenn konstruktive Interferenz auftritt, gilt die Bragg- Bedingung (Gleichung (3.1)).

$$n\lambda = 2d \sin\theta \tag{3.1}$$

Dabei ist n die Ordnung der Interferenz, λ die Wellenlänge bzw. θ der Winkel des eingestrahlten Lichtes, und d ist der Abstand zwischen zwei Atomebenen. Der Winkel zwischen dem einfallenden und reflektierten Strahl ist 2θ [13]. Die Detektion dieser interferierten Wellen erfolgt hier mit einem NaI Scintillationsdetektor. Die Auflösung des Diffraktometers beträgt $0.05°$ 2θ.

Bei Pulvern sind die Kristallite in jede mögliche Richtung orientiert. Bei ausreichend Probe ist eine signifikante Anzahl der Kristallite so orientiert, dass die Bragg-Bedingung für die Reflexion von jeder möglichen Atomebene erfüllt ist. Um die Zufälligkeit der Orientierung der Kristalle und damit das Signal zu erhöhen, rotiert der Probenhalter bei feststehendem Detektor.

Auch bei Röntgendiffraktometrie stellt die Probenahme ein Problem dar. Im Gegensatz zum REM wird wesentlich mehr Substanz benötigt. Deshalb dauert die Probenahme länger als beim REM und die Messung mit dem Diffraktometer erfolgte erst einen Tag nach der Probenahme. In dieser Zeit kann sich die zu untersuchende Substanz strukturell verändern. So könnte sie z.B. auskristallisieren.

3.3 Versuchsdurchführung, Datenaufnahme und Probenahme

3.3.1 Bedienung der RESS-Apparatur

a) Befüllung mit CO_2

Beim Starten der RESS-Apparatur (Abbildung 3.5) wird als erstes der Kryostat eingeschaltet, damit das CO_2 in der Doppelkolbenpumpe (Pumpe 1) abgekühlt wird. Es muss kontrolliert werden, ob alle Belüftungsventile an der RESS-Apparatur geschlossen sind. Die Ventile unter dem Reservoir (Ventil 3 und 4) müssen offen sein, damit der Kolben des Reservoirs unten ist und so das gesamte Reservoir mit CO_2 gefüllt werden kann. Anschließend wird die Druckluft ($p = 4$ bar), mit welcher die Pumpe 1 gesteuert wird, und die CO_2- Gasflasche geöffnet. Als nächstes werden die Ventile an Pumpe 1, vor dem Extraktor (Ventil 1) und zwischen diesem und dem Reservoir (Ventil 2) geöffnet. Jetzt kann der Druck an der Pumpe 1 eingestellt werden, welcher am Manometer des Extraktors abgelesen wird. Die Ventile an Pumpe 1, unter dem Extraktor (Ventil 1) und zwischen Reservoir und Extraktor (Ventil 2) werden geschlossen und die Druckluft an Pumpe 1 wieder auf Null gestellt.

b) Expansion

Um mit der RESS-Apparatur eine Expansion durchzuführen, muss zuerst der Druck des Reservoirs, der bei der Expansion gehalten werden soll, eingestellt werden. Dazu muss das Ventil unter dem Reservoir (Ventil 3) zuerst geschlossen und das Ventil an Pumpe 2 (Ventil 4) geöffnet werden. Der gewünschte Druck wird mit Pumpe 2 eingestellt werden. Pumpe 2 arbeitet wiederum mit Druckluft ($p = 4$ bar) und drückt damit Heptan gegen CO_2 im Reservoir. muss die N_2-Gasflasche geöffnet werden. Bei einem Druck von ~ 5 bar wird mit dem Stickstoff das pneumatische Ventil geöffnet. Mit einem Pulsgenerator (DG535, Stanford Research Systems Inc.) oder mit dem FTIR-Spektrometer über die TTL-Box (siehe Kapitel 3.2.1) wird die Dauer des Pulses (0.2 - 1 s) und die Pause zwischen den Pulsen (typisch 0.4 s) eingestellt. Die Expansion wird über eine externe Steuerung mittels eines magnetischen Ventils, das mit dem pneumatischen Ventil verbunden ist, gestartet.

c) Temperaturkontrolle und -regelung

Das Aufheizen geschieht mit Heizleitern (Thermocoax) hoher Leistung für das Reservoir (3775W), den Extraktor (2400W) und den Vorerhitzer (1700W) und mit Heizleitern niedriger Leistung für die Heizbänder, die um Ventile und Hochdruckkapillaren gewickelt sind. Zur

Kontrolle der Temperatur werden Thermoelemente (Thermocoax) verwendet, die an einen Scanner (Heatley 705 Scanner) angeschlossen sind. Der Scanner ist mit einem Oszilloskop (LeCroy 9410) verbunden, das die Spannung des vom Scanner ausgewählten Thermoelementes ausliest, das analoge Signal in ein digitales umwandelt und dieses über ein GPIB-Kabel (IEE-488) an den Computer weitergeleitet. Zur Regelung der Temperatur wird ein Programm verwendet, das mit Labview Software geschrieben wurde.

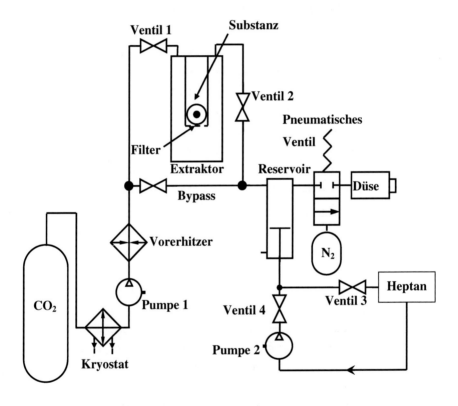

Abbildung 3.5 Schema der RESS-Apparatur.

3.3.2 Datenaufnahme

Um die Partikel zu charakterisieren, stehen in dieser Arbeit mehrere Messmethoden (IR-Spektroskopie, SMPS und 3-WEM) zur Verfügung. Damit die Ergebnisse vergleichbar sind, sollen die Messungen mit den Methoden synchron durchgeführt werden. Es gibt zwei verschiedene Versuchsdurchführungen, einmal erfolgt die Messung während der Expansion und einmal erfolgt sie nach der Expansion. Bei den Messungen während der Expansion wird die Expansionskammer evakuiert. Unter diesen Bedingungen sind keine SMPS Messungen möglich (Kapitel 3.2.2). Für die Charakterisierung der Partikel nach der Expansion werden alle 3 Methoden verwendet. Bei beiden Versuchsdurchführungen wurde die externe Steuerung der RESS-Apparatur über eine I/O-Anschlussbox mit dem Spektrometer verbunden. Mittels der *Rapid Scan Option* des Spektrometers wird über eine TRS-Methode nach Aufnahme des Hintergrundspektrums automatisch die Expansion gestartet.

Für die Messungen in der Expansion wurde eine TRS-Methode geschrieben, bei der zuerst ein Hintergrundspektrum für 830 ms aufgenommen wird. Die folgende Expansion dauerte 3.67 s. Innerhalb der Expansion wurden 30 Spektren (ein Spektrum innerhalb von etwa 32 ms) aufgenommen. Der Druck in der Expansionskammer steigt während der Expansion bei $T_0 = 298$ K, $p_0 = 400$ bar und $d_{\text{Düse}} = 50$ µm von 0.03 mbar auf etwa 0.47 mbar an. Aus diesen Bedingungen lässt sich die Entfernung der Machscheibe von der Düse bestimmen (siehe Kapitel 3.4.1). Danach beträgt die Entfernung der Machscheibe etwa 3 cm. Da die Entfernung zwischen Düse und IR-Strahl etwa 1 cm ist, findet die Messung vor der Machscheibe statt.

Für die Messung nach der Expansion wird die Expansionskammer vor Beginn der Datenaufnahme mit synthetischer Luft gefüllt, damit die Arbeitsbedingungen für das SMPS gegeben sind (siehe Kapitel 3.2.2) und die Absorbanz von Wasser im IR-Spektrum nicht zu groß ist. Ein Schema des folgenden Messablaufes ist in Abbildung 3.6 dargestellt. Dieses zeigt, dass als erstes der Hintergrund für die IR-Spektroskopie und die 3-WEM Messung in 2 min aufgenommen wird. Die Dauer der folgenden Expansion ist abhängig von der Löslichkeit der Substanzen. Je geringer die Löslichkeit, desto mehr Pulse (Pulsdauer: 400 ms) sind nötig. Die Löslichkeit von Phytosterol ist z.B. 2 Größenordnungen geringer als die von Biphenyl. Deshalb waren für Phytosterol 15 Pulse erforderlich, während die Charakterisierung von Biphenylpartikel nach Expansion eines Pulses erfolgte. Das erste IR-Spektrum wird 2 min nach der Expansion aufgenommen. Zeitgleich wird das SMPS gestartet. Die minimale Messdauer wird durch das SMPS limitiert. Sie beträgt für die Aufnahme einer Größenverteilung mit dem SMPS und somit auch für die eines Spektrums 2 min. Da das SMPS während einer Messung kontinuierlich die Spannung erhöht, muss diese nach Aufnahme einer Größenverteilung auf den Startwert zurückgesetzt werden. Dieses Zurücksetzen dauert 90 s. Danach wird automatisch die zweite Messung mit dem SMPS und somit auch mit dem IR-Spektrometer gestartet. Analog erfolgt eine 3. Messung. Die 3-WEM Messung wird während der Hintergrundsmessung gestartet und läuft kontinuierlich mit allen drei Messungen von SMPS und IR-Spektroskopie.

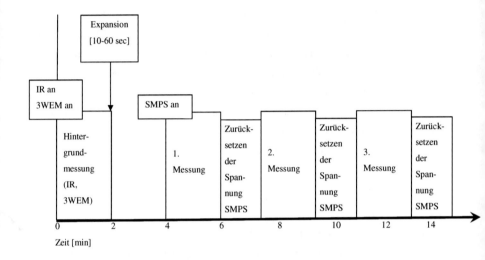

Abbildung 3.6 Schema des Messablaufes bei Datenaufnahme nach der Expansion.
Dabei werden drei Messmethoden (SMPS, FTIR-Spektroskopie und 3-WEM) simultan durchgeführt.

3.3.3 Probennahme für das REM

Für die Probennahme wird zuerst ein goldbeschichteter Siliziumträger hergestellt. Dazu wird der Siliziumträger in einem evakuierten Sputtercoater (E 5400, Polaron Division, Biorad) bei einem Druck von etwa $p = 4 \cdot 10^{-2}$ mbar mit einer Goldschicht bedampft. Die Vakuumkammer enthält geringe Mengen Argon sowie ein Goldblech (Target). Durch Anlegen einer Spannung von 600 V wird das Argongas ionisiert. Die dabei entstandenen ionisierten Argonatome schlagen Goldatome aus dem Target heraus. Diese setzen sich ab und bilden nach 60 s eine etwa 7 nm dicke Goldschicht. Dieser beschichtete Siliziumträger wird in die RESS-Expansionskammer gestellt. Nach der Expansion sinken die entstandenen Partikel und setzen sich in der RESS-Kammer auf den Probenträger ab. Diese Probe wird erneut 90 s mit Gold bedampft. Dadurch wird eine 10 nm dicke Goldschicht über die Probe gelegt. Durch das Beschichten mit Gold wird einerseits die Aufladung der Probe verhindert, was zu unscharfen und verfälschten Bildern führen kann, andererseits wird das Verdampfen der Probe im REM bei sehr geringem Druck (Kammerdruck: $< 10^{-5}$ mbar) und das Zerstören der empfindlichen Proben durch die hohe Spannung des Elektronenstrahls reduziert.

3.3.4 Probenahme für die Pulverdiffraktometrie

Für Untersuchungen mit Pulverdiffraktometrie ist im Gegensatz zum REM wesentlich mehr Substanz nötig. Deshalb konnte nicht die Methode verwendet werden, wie bei der Probenahme für das REM, bei welcher ein Siliziumträger in die Expansionskammer gestellt wird und die Partikel sich darauf absetzen. Aus diesem Grund wurde die überkritische Lösung mit mehr als 100 Pulsen (Pulsdauer: 400 ms) in die zuvor gereinigte RESS-Kammer expandiert. Die entstandenen Partikel sinken und setzten sich an die Wände der Kammer ab. Diese mikronisierte Substanz wurde von den Wänden entfernt und kurz vor der Aufnahme des Diffraktogramms auf einen Siliziumträger gegeben.

3.4 Charakterisierung der Expansion

Da die Partikelbildung vor und in der Ruhezone der Überschallexpansion stattfindet [26], ist es wichtig diese auch experimentell zu untersuchen. Dazu wird als erstes die Dimension der Ruhezone (Kapitel 3.4.1) bestimmt. Im anschließenden Kapitel (Kapitel 3.5) wird die Ruhezone thermodynamisch charakterisiert. Die Ruhezone wird seitlich (Barrel Schock) und stromabwärts (Normal Schock = Machscheibe) durch Stossfronten begrenzt. Die Dimension dieser angrenzenden Schockwellen wird in Kapitel 3.4.3 bestimmt. Im Kapitel 3.4.4 wird der theoretische Massenfluss berechnet, da es durch die Expansion zum Druckanstieg in der Apparatur kommt und sich damit die Dimensionen der Ruhezone verschieben.

3.4.1 Dimensionen der Ruhezone

In der Ruhezone herrschen isentrope Bedingungen. Isentrop bedeutet, dass die Expansion adiabatisch und reversibel ist. Dies sind ideale Bedingungen für die Aufstellung einfacher Modelle für die entstehenden Partikel. Um diese Teilchen in der Ruhezone näher zu untersuchen, müssen die Dimensionen der Ruhezone bekannt sein. Die zu berechnenden Dimensionen sind in Abbildung 3.7 dargestellt. Sie lassen sich wie folgt berechnen:

- Abstand zwischen Düse und Machscheibe: $\qquad x_m = 0{,}67 \cdot d \cdot \left(\dfrac{p_0}{p_b} \right)^{1/2}$ (3.2)

- Breite der Machscheibe:

$$D_m \cong 0{,}5x \qquad (3.3)$$

- breiteste Ausdehnung der Ruhezone:

$$D_W \cong 0{,}75x \qquad (3.4)$$

Wie in der Gleichung (3.2) zu sehen, ist der Abstand der Düse zur Machscheibe x_m nicht von der Art des Gase abhängig, sondern nur von dem Druckverhältnis p_0/p_b und dem Durchmesser der Düse d. Mit diesem Abstand lassen sich in etwa die Breite der Machscheibe D_m (Gleichung (3.3)) und die Ausdehnung der Ruhezone D_W (Gleichung (3.4)) bestimmen.

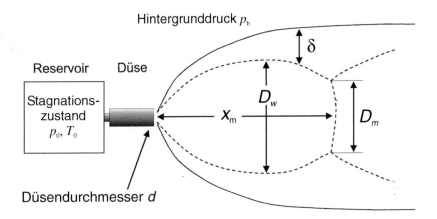

Abbildung 3.7 Schema der Ruhezone mit den charakteristischen Dimensionen.

Für experimentelle Untersuchungen in der Ruhezone sollte diese eine genügend große Ausdehnung haben. Tabelle 3.1 zeigt, dass dies vor allem bei einem großen Druckunterschied und bei einem großem Düsendurchmesser der Fall ist. Deshalb sollte ein Druck von etwa 400 bar im Reservoir vor der Expansion und möglichst gutes Vakuum in der Expansionskammer nach der Expansion herrschen. Auch für einen großen Düsendurchmesser scheinen bessere experimentelle Bedingungen zu existieren. Allerdings zeigten Versuche in Abhängigkeit von Düsendurchmesser, dass mit zunehmendem Durchmesser das Rauschen des Signals auch ansteigt. Rauschen tritt im Allgemeinen bei turbulenter Strömung auf. Dies könnte auf eine Zunahme der Breite der Schockwellen zurückgeführt werden. Diese wird im

Abschnitt 3.4.3 abgeschätzt. Eine zweite Möglichkeit ist der größere Massenfluss bei größerem Düsendurchmesser. In Abschnitt 3.4.4 wird dieser für verschiedene Düsendurchmesser bestimmt.

Tabelle 3.1 Berechnung der Dimensionen der Ruhezone.

p_0 in bar	p_b in bar	d in mm	x_m in mm	D_m in mm	D_W in mm
200	1,013	0,15	1,412	0,706	1,059
200	$1 \cdot 10^{-4}$	0,15	142,128	71,064	106,596
400	1,013	0,15	1,997	0,998	1,497
400	$1 \cdot 10^{-4}$	0,15	201,000	100,500	150,750
400	1013	0,05	0,666	0,333	0,499
400	$1 \cdot 10^{-4}$	0,05	67,000	33,500	50,250

3.4.2 Charakterisierung der Ruhezone

Die Charakterisierung soll über die Größen Druck, Temperatur, Dichte und Geschwindigkeit in Abhängigkeit von der Entfernung zur Düse erfolgen. Die hier verwendeten isentropen Beziehungen gelten entlang der Achse in der Ruhezone und nur für reines CO_2 (ideales Gas). Die Partikelbildung von CO_2 wird hier vernachlässigt.

Um die Prozessgrößen zu bestimmen, muss zuerst die Machzahl, die das Verhältnis der Geschwindigkeit der Moleküle zur lokalen Schallgeschwindigkeit ist, berechnet werden (Gleichung (3.5)).

$$M = \left(\frac{x}{d}\right)^{\gamma-1} \left[C_1 + \frac{C_2}{\left(\dfrac{x}{d}\right)} + \frac{C_3}{\left(\dfrac{x}{d}\right)^2} + \frac{C_4}{\left(\dfrac{x}{d}\right)^3} \right] \quad \text{gültig für } \frac{x}{d} > 0,5 \tag{3.5}$$

Dabei ist $\gamma = C_P/C_V$ das Verhältnis der Wärmekapazitäten bei konstantem Druck bzw. konstantem Volumen und $C_1,...,C_4$ sind stoffabhängige Koeffizienten. Die Machzahl ist neben dem Verhältnis von der Entfernung zur Düse x und dem Durchmesser der Düse d auch von der Art des Gases (Tabelle 3.2) abhängig.

Tabelle 3.2 Koeffizienten für verschiedene Gase.

Die Koeffizienten wurden experimentell bestimmt und stammen aus [51].

Art des Gases	$\gamma = C_p / C_V$	C_1	C_2	C_3	C_4
einatomig	5/3	3,232	-0,7563	0,3937	-0,0729
zweiatomig	7/5	3,606	-1,742	0,9226	-0,2069
mehratomig linear	7/5	3,606	-1,742	0,9226	-0,2069
mehratomig	4/3	3,971	-2,327	1,326	-0,311

Das in dieser Arbeit verwendete CO_2 ist mehratomisch und linear. Das Verhältnis der Wärmekapazitäten γ ist temperaturabhängig, da bei geringen Temperaturen nicht alle Freiheitsgrade besetzt sind. Das heißt, Translations- (3 Freiheitsgrade) und Rotations- (2 Freiheitsgrade) sind angeregt, aber aufgrund der geringen Temperatur in der Expansion kann der Schwingungsbeitrag vernachlässigt werden. Deshalb wird für die Berechnung der Machzahl von einem Adiabatenverhältnis von 7/5 mit den entsprechenden Koeffizienten aus Tabelle 3.2 ausgegangen. Die berechnete Machzahl in Abhängigkeit von der Entfernung zur Düse ist für verschiedene Düsendurchmesser in Abbildung 3.7 dargestellt. Die Abbildung zeigt, dass die Machzahl und damit auch die Geschwindigkeit der Moleküle mit zunehmender Entfernung zur Düse zunehmen. Mit abnehmendem Düsendurchmesser nimmt dieser Anstieg zu. Bei kleineren Düsendurchmessern ist der lokale Druck in der Düse größer, d.h. man hat einen größeren Druckunterschied und die Teilchen werden stärker beschleunigt.

Mit der Machzahl und dem Adiabatenkoeffizient für ein mehratomisches, lineares Gas lassen sich Temperatur, Druck und Dichte in Abhängigkeit zur Entfernung von der Düse wie folgt berechnen:

- Temperatur:
$$\frac{T(x)}{T_0} = \left(1 + \frac{\gamma - 1}{2} M^2\right)^{-1} \qquad (3.6)$$

- Druck:
$$\frac{p(x)}{p_0} = \left(1 + \frac{\gamma - 1}{2} M^2\right)^{-\gamma/(\gamma-1)} \qquad (3.7)$$

- Dichte:
$$\frac{\rho(x)}{\rho_0} = \left(1 + \frac{\gamma - 1}{2} M^2\right)^{-1/(\gamma-1)} \qquad (3.8)$$

Dabei ist T_0 die Temperatur im Reservoir, p_0 der Druck im Reservoir und ρ_0 die Dichte im Reservoir.

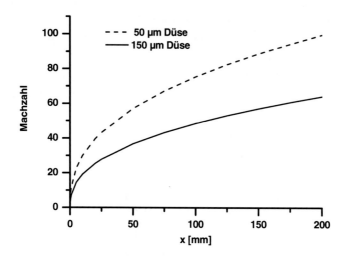

Abbildung 3.8 Machzahl in Abhängigkeit des Abstandes zur Düse x innerhalb der Ruhezone bei zwei verschiedenen Düsendurchmessern.

Die Berechnung erfolgte für ein mehratomisches, lineares Gas.

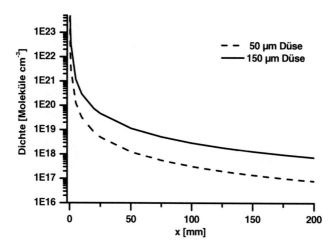

Abbildung 3.9 Dichteverlauf in Abhängigkeit von der Entfernung zur Düse x innerhalb der Ruhezone für verschiedene Düsendurchmesser.

Zur besseren Darstellung ist die Ordinate logarithmisch dargestellt. Die Berechnung erfolgte für ein mehratomisches, lineares Gas.

Im Gegensatz zur Geschwindigkeit der Teilchen nehmen die Temperatur, der Druck und die Dichte mit zunehmender Entfernung zur Düse ab. Als Beispiel ist der Dichteverlauf in Abbildung 3.9 dargestellt. Diese zeigt, dass mit zunehmendem Düsendurchmesser auch der Konzentration weniger stark abnimmt.

Dieses gegensätzliche Verhalten lässt sich über die Energieerhaltung erklären. Dazu geht man von der Formel (3.9) aus. Vor der Expansion besitzen die Moleküle eine bestimmte Temperatur T_0 (hier $T_0 = 300$ K) und keine gerichtete Energie [52]. Wenn sie aus der Düse expandieren, steigt ihre kinetische Energie ($mv^2/2$) an. Damit die Gesamtenergie der Moleküle konstant bleibt, muss die Temperatur (T) sinken. Wenn diese Temperatur gegen Null strebt, verschwindet damit der erste Term im ersten Teil von Gleichung (3.9). Somit lässt sich die maximal erreichbare Geschwindigkeit der Teilchen in der Ruhezone

$$C_p T_0 = C_p T + \frac{mv^2}{2} \quad \Rightarrow \quad \lim_{T \to 0} C_p T + \frac{mv^2}{2} \quad \Rightarrow \quad C_p T_0 = \frac{mv_{\lim}^2}{2} \tag{3.9}$$

berechnen. Dabei ist m die molare Masse von CO_2. Es ergibt sich eine maximale Geschwindigkeit von etwa 630 m $\cdot$ s^{-1}. Die Geschwindigkeit der Teilchen lässt sich auch in Abhängigkeit von der Entfernung x zur Düse bestimmen. Sie ergibt sich aus dem Verhältnis der Machzahl (Gleichung (3.5)) zu der Schallgeschwindigkeit $a = (\gamma RT/M)^{1/2}$. Bei der maximalen Geschwindigkeit sind neben der Temperatur auch der Druck und die Konzentration minimal. Dabei werden diese Minimalwerte bei der maximalen Entfernung von 50 mm bzw. 150 mm für die Düse mit 50 µm bzw. 150 µm Durchmesser erreicht. Das entspricht einem Verhältnis von der Entfernung x von der Düse zum Durchmesser der Düse d von $x/d = 1000$.

3.4.3 Abschätzung der Breite von den Schockwellen

Die Gebiete zwischen Ruhezone und Umgebung (Barrel Shock und Machscheibe) ist der Bereich, in dem ein starker Abfall der Geschwindigkeit der Moleküle und damit ein Anstieg der Temperatur, Druck und Dichte stattfindet (Gradient). Die im Bereich des Barrel Shocks entstehenden Turbulenzen sind als Rauschen in den IR-Spektren sichtbar. Deshalb sollte dieser Bereich nur eine sehr geringe Breite besitzen. Die Breite der Schockwellen δ lässt sich folgt berechnen:

$$\delta = \frac{1}{\sqrt{2}\pi d_m^2 \rho} \tag{3.10}$$

Dabei wird der Durchmesser der Moleküle d_m mit zehn Ångström angenommen. Die Dichte bei 1.3×10^{18} cm^{-3} entspricht der minimalen Dichte in der Ruhezone. Über Gleichung (3.10) ergibt sich damit eine Breite der Schockwelle von etwa 0.2 µm. Im Vergleich zur Breite der Ruhezone (Tabelle 3.1) kann man die Breite der Schockwelle vernachlässigen. Allerdings muss man bei der Berechnung berücksichtigen, dass diese idealisiert ist. So wurde von einem idealen Gas ausgegangen und die Partikelbildung wurde vernachlässigt.

3.4.4 Abschätzung des theoretischen Massenflusses

Da die Expansion als isentropischer und quasi eindimensionaler Fluss angesehen werden kann und am Düsenausgang die Machzahl eins erreicht, lässt sich der theoretische Massenfluss am Düsenausgang wie folgt berechnen:

$$\dot{m} = \rho^* S^* v^* = p_0 \sqrt{\frac{\gamma M}{RT_0}} \left(1 + \frac{\gamma-1}{2}\right)^{-1/\gamma-1} S^* \tag{3.11}$$

Dabei ist ρ^* die Dichte, v^* die Geschwindigkeit und S^* der Querschnitt der Düse. Das Sternchen steht für die Eigenschaft am Ausgang der Düse. Weiterhin entspricht p_0 bzw. T_0 dem statischen Druck bzw. der statischen Temperatur vor der Expansion und γ, M und R sind der Adiabatenkoeffizient, die molare Masse von CO_2 und die universelle Gaskonstante. Aus dem Massenfluss lässt sich über das ideale Gasgesetz der theoretische Druckanstieg in der Expansionskammer und dem Puffervolumen (siehe Abbildung 3.1) bestimmen. Dieser lässt sich mit dem experimentellen Druckanstieg vergleichen. Zur Bestimmung des experimentellen Druckanstieges wurde die Pulszeit mit dem Pulsgenerator variiert. Der höchste gemessene Druckanstieg p_b in der Apparatur während der Expansion bei geöffneten Puffervolumen wurde gegen die Pulsdauer aufgetragen und so der Druckanstieg pro s bestimmt. In Tabelle 3.3 sind die experimentellen und theoretischen Hintergrunddrücke bei verschiedene Bedingungen aufgelistet. Die Tabelle zeigt, dass mit zunehmendem statischem Vordruck p_0 und mit zunehmendem Düsendurchmesser d der theoretische Massenfluss und damit auch der theoretische Druckanstieg zunimmt. Der Vergleich mit dem experimentellen

Druckanstieg zeigt, dass zumindest der Trend übereinstimmt. Da CO_2 als ideales Gas angenommen wird, könnte das ein Grund für die Unterschiede zwischen den Druckanstiegen sein.

Tabelle 3.3 Theoretischer Massenfluss am Düsenausgang und der daraus resultierende Hintergrundsdruck bei $T = 300$ K und verschiedenen statischen Drücken und Düsendurchmessern. Zum Vergleich sind die experimentell bestimmten Druckanstiege /s dargestellt.

p_0 [bar]	$d_{Düse}$ [µm]	m / t [g·s^{-1}]	$p_{b, theo} / t$ [mbar·s^{-1}]	$p_{b, exp} / t$ [mbar·s^{-1}]
100	150	2.13	1.73	0.50
200	150	2.45	1.99	1.42
400	150	2.73	2.21	2.40
400	100	1.21	0.98	1.06
400	50	0.30	0.25	0.27

Durch den größeren Düsendurchmesser steigt der Massenfluss an. Dieser Anstieg scheint für ein zunehmendes Rauschen in den IR-Spektren bei größeren Düsendurchmessern verantwortlich zu sein. Ein höherer Massenfluss bedeutet mehr Teilchen, daraus folgen mehr Dichtefluktuationen. Aber auch die Schockwellen könnten für das Rauschen in den IR-Spektren verantwortlich sein. Die Breite der Schockwellen sagt allerdings nichts über die Turbulenzen innerhalb der Schockwellen aus. Außerdem sind die verwendeten Gleichungen sehr idealisiert (Verwendung von idealen Gas, Partikelbildung nicht berücksichtigt).

3.5 Charakterisierung der gepulsten Expansion

Für eine gepulste Expansion ist es wichtig zu wissen, wann stabile Expansionsbedingungen erreicht werden, da die Partikelbildung auch stabil ist [8]. Abbildung 3.10 und Abbildung 3.11 zeigen die aufgenommene Daten der Expansion von reinem CO_2 durch die 50 µm Düse in das Vakuum ($p_b = 0.03$ mbar). Die Daten wurden 0.5 cm von der Düse entfernt in der kollisionsfreien Ruhezone der Expansion aufgenommen. Der Druck in der gesamten RESS-Apparatur betrug $p_0 = 400$ bar und die Temperatur $T_0 = 298$ K. Unter diesen Bedingungen ist das CO_2 noch flüssig, aber es wurden dieselben Resultate wie mit überkritischen CO_2 erreicht. Abbildung 3.10 zeigt die Ergebnisse der Extinktionsmessung mit 3-WEM mit den drei unterschiedlichen Lasern als Funktion der Zeit, während Abbildung 3.11 das entsprechende zeitabhängige IR-Spektrum zeigt. Die Kurvenverläufe der Transmissionssignale für die unterschiedlichen Wellenlängen in Abbildung 3.10 zeigen, dass die Transmission für den IR-Laser (1064 nm) am größten und für den 405 nm Laser am geringsten ist. Das entspricht der Mie-Theorie, wonach Licht mit kleiner Wellenlänge stärker streut als mit großer Wellenlänge. Weiterhin ist erkennbar, dass nach dem Öffnen des pneumatischen Ventils zur Zeit $t = 0$ s ca. 0.4 s vergehen (Bereich A), bis stabile Expansionsbedingungen erreicht sind. Das beinhaltet die Zeit zum Öffnen des pneumatischen Ventils, die Zeit um das Totvolumen zwischen Ventil und Düse zu füllen und die Zeit um eine stabile Expansion zu erreichen. Im Intervall B bleibt die Expansion stabil. Teil C entspricht der Zeit nach Schließung des pneumatischen Ventils. Das beinhaltet die Zeit um das pneumatische Ventil zu schließen und die Zeit um das Totvolumen zwischen Ventil und Düse zu leeren. Die Öffnungszeit der Düse betrug $t = 2.15$ s. Vergleicht man Bereich A für verschiedene Düsendurchmesser, so zeigt sich, dass die Zeit mit zunehmenden Düsendurchmesser sinkt. Tabelle 3.4 zeigt, dass mit einem Düsendurchmesser von 50 μm die Zeit des Bereiches A 350 ms beträgt, mit einem Düsendurchmesser von 150 μm beträgt diese Zeit nur 50 ms. Daraus lässt sich schließen, dass nicht die Zeit zum Öffnen des pneumatischen Ventils oder das Füllen des Totvolumens der limitierende Faktor ist, sondern das Erreichen der stabilen Expansion.

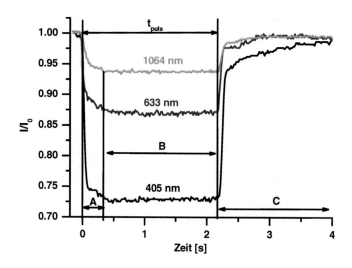

Abbildung 3.10 Transmissionssignal von 3 Lasern mit den Wellenlängen 405 nm, 633 nm und 1064 nm.

Tabelle 3.4 Zeit des Bereiches A aus Abbildung 3.10 für verschiedene Düsendurchmesser.

Düsendurchmesser [µm]	Zeit des Bereiches A [ms]
50	350
100	120
150	50

Neben Streuung an den CO_2 Partikeln werden bei 3-WEM auch Dichteschwankungen detektiert. Diese dominieren im Abschnitt A und C. Im Gegensatz dazu reagiert IR-Spektroskopie nur auf die Absorption und Streuung der CO_2-Partikel. Dadurch lässt sich die Partikelbildung in der Expansion mit IR-Spektroskopie untersuchen.

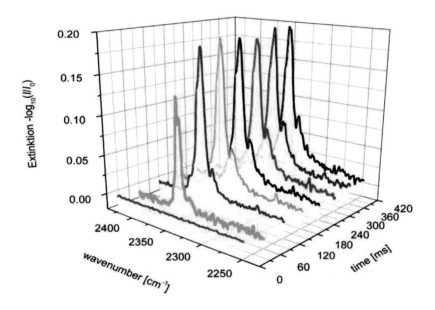

Abbildung 3.11 Entsprechendes IR-Spektrum der Streckschwingung von CO_2 zu Abbildung 3.10 für die ersten 420 ms.

In Abbildung 3.11 ist das am Beispiel der antisymmetrischen Streckschwingung ν_3 um ca. 2360 cm^{-1} von CO_2 für die 50 µm Düse und die ersten 420 ms der Expansion gezeigt. Während der ersten 300 ms nimmt die Schulter bei 2340 cm^{-1} im Vergleich zum Hauptpeak bei 2360 cm^{-1} zu. Danach bleibt das Verhältnis konstant. Durch Berechnung des Infrarot-Extinktionsspektrum von CO_2 Partikeln mit dem Excitonenmodell und klassischer Streutheorie zeigt sich, dass sich der Anstieg der Schulter durch die Zunahme der Partikelgröße begründen lässt. Die Partikelgröße nimmt also zu, bis sich die Expansion stabilisiert hat, und bleibt danach konstant.

3.6 Chemikalien und Gase

Die verwendeten Chemikalien und Gase wurden ohne weitere Aufbereitung verwendet. Tabelle 3.5 listet diese Chemikalien mit ihren Abkürzungen, Reinheitsgraden und den Herstellernamen auf.

Tabelle 3.5 verwendete Chemikalien mit Reinheitsgrad und Herkunft.

Name	Abkürzung/ Synonym	Reinheit	Firma
Kohlenstoffdioxid	CO_2	99,995 %	Air Liquid
Synth. Luft	O_2 / N_2	k.A.	Air Liquid
Stickstoff	N_2	technisch	Air Liquid
Phenanthren	Phen	98 %	Aldrich
Nonadekan	Nona	99,8 %	Fluka
Biphenyl	Biphen	99 %	Aldrich
Phytosterol	Phyto		Geschenk, Prof. Türk
RS-Ibuprofen	RS-Ibu oder Ibu	99 %	Acros
R-Ibuprofen	R-Ibu	k.A.	biomol
S-Ibuprofen	S-Ibu	99 %	Fluka
dl-Polymilchsäure	DL-PLA oder PLA	k.A.	Fluka
L-Polymilchsäure	L-PLA/ Resomer L207 S	k.A.	Boeringer Ingelheim

Kapitel 4 Untersuchung der Partikelbildung bei der Expansion von reinem CO_2

Kohlenstoffdioxid liegt bei Normalbedingungen gasförmig vor. Festes CO_2 geht bei Normaldruck direkt in den gasförmigen Zustand über, es sublimiert bei 195 K. Der Tripelpunkt liegt bei $p = 5$ bar und $T = 217$ K. Unter erhöhtem Druck lässt sich CO_2 verflüssigen. Bei Temperatur- und weiterer Druckerhöhung endet die Verdampfungslinie im kritischen Punkt mit der kritischen Temperatur T_c und dem kritischen Druck p_c. CO_2 besitzt eine kritische Temperatur von $T_c = 304$ K und einen kritischen Druck von $p_c = 74$ bar. Aufgrund dieser moderaten kritischen Werte, der geringen Kosten und der Tatsache, dass CO_2 nicht toxisch und nicht entflammbar ist, ist überkritisches CO_2 als Lösungsmittel geeignet. Dies gilt besonders für die Lebensmittel- und pharmazeutische Industrie [53]. Da das CO_2-Molekül kein Dipol besitzt, wird es als unpolar angesehen. Trotzdem kann es aufgrund des hohen Quadrupolmoments Wechselwirkungen mit polaren gelösten Stoffen eingehen [54]. Im Allgemeinen ist aber die Löslichkeit der meisten Substanzen in überkritischen Substanzen vergleichsweise gering (Molfraktion < 0.1 %) [5]. Deshalb besteht die Expansion einer überkritischen Lösung aus der RESS-Apparatur hauptsächlich aus dem Lösungsmittel CO_2. Das Lösungsmittel ist also für die Partikelbildung des Feststoffes nicht vernachlässigbar. Wie im Folgenden gezeigt wird, kondensiert CO_2 in der Ruhezone auch zu Partikeln aus. Um die Partikelbildung besser zu verstehen, wurde reines CO_2 bei Temperaturen zwischen $T_0 = 298$ und $T_0 = 398$ K und bei Drücken zwischen $p_0 = 100$ und $p_0 = 400$ bar in die Vakuumkammer ($p_b = 0.03$ mbar) expandiert und anschließend mit FTIR-Spektroskopie und 3-WEM vor bzw. nach der Machscheibe untersucht (Kapitel 4.1 und 4.2). In Kapitel 4.3 erfolgt die Bestimmung der Partikelgröße von CO_2.

4.1 Infrarotspektrum von CO_2 in der Expansion

Das Infrarot- Spektrum in Abbildung 4.1 wurde 1 cm von der Düse (Düsendurchmesser $d = 50 \, \mu m$) bei einem Druck von $p_0 = 400$ bar und einer Temperatur von $T_0 = 298$ K aufgenommen, also in der kollisionsfreien Ruhezone der Expansion. Das Spektrum zeigt die beiden Banden der IR-aktiven Normalschwingungen v_2 (entartete Knickschwingung, bei etwa 670 cm^{-1}) und v_3 (antisymmetrische Streckschwingung, bei etwa 2360 cm^{-1}) sowie die Kombinationsbanden $2v_2 + v_3$ und $v_1 + v_3$. Um schwache Absorptionsbanden und –effekte (wie die schiefe Basislinie) zu verdeutlichen, wurde die Skala der Absorbanz vergrößert. Dadurch ist die v_3 Bande in Abbildung 4.1 abgeschnitten. Zusätzlich sind die v_2 Bande und die Kombinationsbanden in Ausschnittvergrößerungen detaillierter dargestellt. Alle Banden zeigen eindeutig, dass CO_2 in der kollisionsfreien Ruhezone zu kleinen Partikeln kondensiert. Damit CO_2 in der festen Phase vorliegt, sollte die Temperatur von CO_2 in der Expansion unter 195 K sein. In der Ruhezone sinkt die Temperatur aufgrund der Zunahme der Geschwindigkeit der Teilchen und der Energieerhaltung (siehe Kapitel 2.1). Die Temperatur lässt sich grundsätzlich aus den Intensitäten und Abständen der Rotationsbanden des kalten CO_2 Restgases in der Expansion bestimmen. Die minimale Auflösung des verwendeten Spektrometers beträgt jedoch nur 0.25 cm^{-1}. Damit können zwar Rotationsbanden von CO_2 detektiert werden, aber nicht vollständig aufgelöst werden. Somit ist es nicht möglich über die Rotationsstruktur des Restgases die Temperatur in der Expansion zu bestimmen.

In der Gasphase ist die v_2 Bande von CO_2 zweifach entartet. Die Ausschnittvergrößerung in Abbildung 4.1 der v_2 Bande zeigt eine Aufspaltung dieser Bande in den Partikeln. Diese Aufspaltung ist auf die Aufhebung der Entartung der v_2 Bande in kristallinen Partikeln zurückzuführen. Dies zeigt also, dass die CO_2 Partikel zumindest in der Ruhezone teilweise kristallin vorliegen [55]. Die zusätzlichen schmalen Absorptionen im Spektrum (siehe Obertöne in Abbildung 4.1) stammen von restlicher Gasphase in der Expansionskammer, in– und außerhalb der Ruhezone.

Ähnliche Bandenformen und -positionen wurden für CO_2-Partikel in [56, 57] gefunden. In Tabelle 4.1 sind die hier experimentell bestimmten Bandenpositionen von CO_2 in der Expansion zusammen mit den Bandenpositionen aus [56, 57, 58] dargestellt. Die Tabelle zeigt, dass sich die Bandenpositionen der v_2 und der v_3 Bande von CO_2 Partikeln der verschiedenen Verfahren unterscheiden. Dabei weichen die Positionen der v_3 Bande stärker als die der v_2 Bande ab. Diese Abweichungen der Peakpositionen können verschiedene Gründe haben. Bei Partikelspektren hängen die Peakpositionen von der Partikelform, von der

Partikelgröße und von der Kristallstruktur der Partikel ab [59]. Diese Abhängigkeit lässt sich mit der Excitonenkopplung erklären.

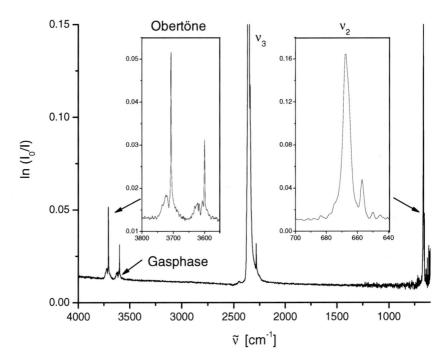

Abbildung 4.1 IR-Spektrum von CO_2- Partikeln zwischen 4000 cm^{-1} und 600 cm^{-1}.
Zur besseren Darstellung wurde die ν_3 Bande abgeschnitten und die ν_2 Bande bzw. die Kombinationsbanden in den Einsätzen detaillierter dargestellt. Das Spektrum wurde in der Ruhezone vor der Machscheibe aufgenommen.

Diese Theorie beruht auf der resonanten Kopplung von oszillierenden Dipolen einzelner Molekülen in Partikeln. Dabei besitzt die ν_3 Bande ein größeres Dipolmoment als die ν_2 Bande. Deshalb ist die Abhängigkeit der Peakposition für die ν_3 Bande stärker als für die ν_2 Bande. Dies erklärt die stärkere Abweichung der Positionen der ν_3 Bande für die verschiedenen Verfahren. Bei allen drei Verfahren sind die Temperaturen für die Herstellung der Teilchen etwas unterschiedlich. Deshalb unterscheiden sich die Kristallstrukturen vermutlich. Dies führt zu leicht unterschiedlichen Werten für die Peakpositionen. Bei der

Herstellung der Partikel mit RESS oder mit der Lavaldüse bilden sich vor allem kugelförmige Partikel aus. Dagegen bilden sich in der Hüllstromzelle sehr schnell längliche Partikel. Da die Größe der Partikel aus der Hüllstromzelle etwa der Größe der Partikel aus der RESS-Apparatur entspricht, sind die Abweichungen der Peakpositionen bei RESS und Hüllstromzelle vor allem auf die Partikelform zurückzuführen. Dagegen sind die Partikel aus der Lavaldüse wesentlich kleiner. Deshalb kommt die Abweichung zwischen RESS und Lavaldüse vor allem durch die Partikelgröße zustande.

Tabelle 4.1 Vergleich der Wellenzahlen in cm^{-1} für die ν_2 und ν_3 Bande in den Partikelspektren von CO$_2$. **Dabei ist M – Maximum, B – Schulter oder Seitenbande auf der blauen Flanke, R-Schulter oder Seitenbande auf der roten Flanke, sh – Schulter und S – Seitenbande. Die CO$_2$ Partikel wurden mit verschiedenen Verfahren erzeugt.**

	Position der ν_2 Bande [cm^{-1}]			Position der ν_3 Bande [cm^{-1}]		
	B	M	R	B	M	R
RESS	675 sh	668	657	2356 sh 2374 sh	2357	2341 sh/S
Lavaldüse [57]	sh	668	657	2370 sh	2360	
Hüllstromzelle [56]	673	669	660	2371 sh	2363	2345 sh/S

4.2 Messergebnisse in Abhängigkeit vom Düsenabstand

In Abbildung 4.2 wurden Spektren der ν_3 Bande von CO$_2$ 2,5 cm bzw. 30 cm von der Düse entfernt aufgenommen. Die weiteren Bedingungen entsprechen denen in Abbildung 4.1 ($p_0 = 400$ bar, $T_0 = 298$ K, Düsendurchmesser $d = 50$ µm, $t_{puls} = 1$ s). Mit diesen Bedingungen lässt sich über Formel (3.2) berechnen, dass bei einer Entfernung $x = 2.5$ cm von der Düse vor und bei $x = 30$ cm von der Düse hinter der Machscheibe gemessen wurde. Das Spektrum in Abbildung 4.2 zeigt, dass mit zunehmendem Abstand von der Düse die Intensität der Absorbanz abnimmt. Grund dafür ist der quadratische Abfall der Partikeldichte (lässt sich über die Gleichung (3.8) zeigen). Das bestätigen auch Messungen mit 3-WEM in Abhängigkeit vom Düsenabstand. Abbildung 4.3 zeigt die Transmission des HeNe-Lasers ($\lambda = 633$nm) bei verschiedenen Düsenabständen ($x = 0.7...2.2$ cm). Die weiteren Bedingungen sind $T_0 = 298$ K, $p_0 = 400$ bar, $p_b = 0.47$ mbar nach Expansion und $d = 100$ µm. Mit diesen Bedingungen lässt sich eine Entfernung der Machscheibe von 6.1 cm berechnen. Somit fanden alle Messungen vor der Machscheibe statt. Auch hier sieht man, dass mit zunehmendem Abstand von der Düse die Transmission zunimmt und damit die Extinktion wie beim Infrarotspektrum abnimmt. Weiterhin ist in Abbildung 4.2 zu erkennen, dass im Bereich hinter der Machscheibe CO_2 auch noch als Partikel vorliegt. Diese sind allerdings kleiner (Erklärung der Partikelgröße siehe nächster Abschnitt) als die Partikel, die vor der Machscheibe gemessen wurden. Das Verdampfen der CO_2 Partikel benötigt also eine gewisse Zeit. Um diese abzuschätzen wurden Spektren nach der Expansion aufgenommen. Erst nach 2 s konnten keine Partikel mehr detektiert werden. Aus Abbildung 4.2 sieht man, dass die Intensität und die Anzahl der Rotationsbanden mit zunehmendem Abstand von der Düse zunehmen. Die Zunahme der Intensität zeigt den Anstieg der Gasphase von CO_2 relativ zu den Partikeln. Die Zunahme der Anzahl der Rotationsbanden deutet auf den Anstieg der Temperatur des gasförmigen CO_2 hin.

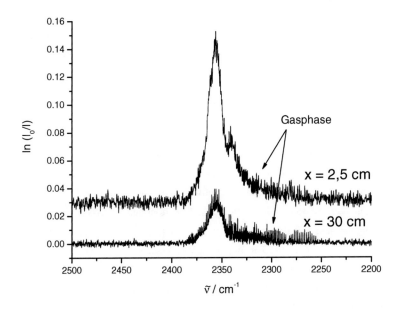

Abbildung 4.2 IR-Spektren der ν_3 Bande von CO_2 bei verschiedenen Abständen der Düse vom IR-Strahl. Die Auflösung der Spektren beträgt $0.25 \, cm^{-1}$. Diese Spektren wurden während der Expansion aufgenommen. Wegen der höheren Auflösung sind die Rotationsbanden des Restgases sichtbar.

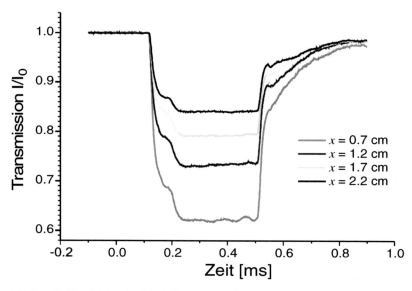

Abbildung 4.3 Transmissionssignal des HeNe-Laser (λ = 633 nm) bei verschiedenen Abständen der Düse zur Messstelle des Laserstrahls. Die Messungen wurden während der Expansion durchgeführt.

4.3 Größenbestimmung der CO_2 Partikel

Die Größenverteilung der CO_2 Partikel in der Ruhezone der Expansion kann sowohl aus den IR Spektren als auch mit 3-WEM bestimmt werden. Bei beiden Methoden wird von der Mie-Theorie für kugelförmige Partikel ausgegangen (siehe Kapitel 2.7). In beiden Fällen wird eine Lognormalverteilung angenommen. Die optische Weglänge beträgt l = 1 cm und entspricht der Breite des Freistrahls [41]. Die optischen Konstanten wurden aus [60] für die Größenbestimmung mit dem 3-WEM bzw. [61, 62] für die Größenbestimmung aus dem Infrarotspektrum verwendet. Für die 3-WEM Messung wurde der Imaginärteil k des komplexen Brechungsindexes vernachlässigt. Die Größenbestimmung erfolgte nach Einstellung stabiler Expansionsbedingungen, also für die Extinktionswerte im Intervall B (siehe Kapitel 3.5, Abbildung 3.10). In Abbildung 4.4 ist die Mie-Ebene der 3-WEM Messung (T_0 = 298 K, p_0 = 400 bar, d = 50 µm) dargestellt. In die theoretisch berechnete Mie-Ebene mit den anzahlgewichteten Medianwerten zwischen 150 nm $\leq CMD \leq$ 400 nm und Standardabweichungen zwischen $1.1 \leq \sigma \leq 2.1$ werden die experimentell erhaltenen Dispersionkoeffizienten eingesetzt (siehe Kapitel 2.6, Gleichung (2.9)). Der Mittelwert dieser

Daten ist durch ein Kreuz gekennzeichnet. Man sieht aus der Abbildung, dass die experimentellen Dispersionskoeffizienten außerhalb der berechneten Mie-Ebene liegen.

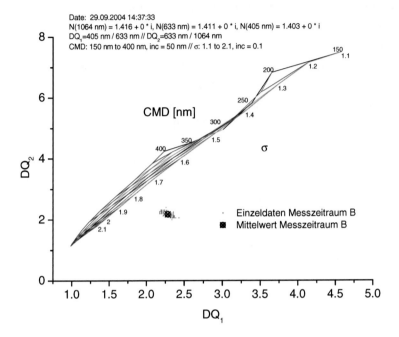

Abbildung 4.4 Mie-Ebene zur Bestimmung der Parameter CMD und σ der lognormalen Größenverteilung von CO₂ Partikeln.

Auch bei Reduzierung des Medianwertes werden die experimentellen Daten nicht in die Ebene eingeschlossen. Deshalb lassen sich mittels 3-WEM keine eindeutigen Aussagen über die Größenverteilung von CO_2 Partikeln in der Expansion machen. Es lässt sich lediglich grob abschätzen, dass der mittlere Durchmesser $CMD < 150$ nm und die Standardabweichung $\sigma \approx 2$ sein müssen. Unter Annahme dieses CMD und dieser Standardabweichung lässt sich über die Mie-Theorie der Extinktionsquerschnitt C_{ext} berechnen. Damit kann über das Lambert Beer'sche Gesetz die Anzahlkonzentration N bestimmt werden (Kapitel 2.6, Gleichung (2.6)). Sie beträgt für die 3-WEM Messung $N \approx 1.8 \times 10^8$ cm^{-3}. Alle ermittelten Werte aus der 3-WEM Messung müssen mit Vorsicht betrachtet werden, da neben der Absorption und Streuung auch Dichtefluktuationen in die Streumessungen mit eingehen.

Um die Partikelgrößen aus den IR-Spektren zu bestimmen, wurden die Parameter der Größenverteilung (σ, CMD, N) aus einer Anpassung eines mit Mie-Theorie berechneten

Spektrums an ein experimentelles Spektrum bestimmt (Abbildung 4.5). Es hat sich gezeigt, dass die Parameter σ und CMD stark korreliert sind. Deshalb wurde die Standardabweichung σ zwischen 1.1 und 2.1 variiert und der CMD dann angepasst. Tabelle 4.2 zeigt die sich daraus ergebenden Parameter CMD und N bei verschiedenen Temperaturen und Drücken im Reservoir. N erhält man durch Integration des Spektrums. Liegen niedrige Werten der Standardverteilung σ vor, so sind die CMD Werte groß und umgekehrt. Für die v_3 Bande bei $T_0 = 298$ K und $p_0 = 400$ bar lässt sich zeigen, dass der Fit mit kleiner Standardabweichung $\sigma = 1.4$ und großen $CMD = 600$ nm am besten passt. Für einen Druck von 100 bar und $T = 298$ K und einem Druck von 400 bar und $T = 360$ K sind in Tabelle 4.2 deshalb nur die Werte für $\sigma = 1.4$ angegeben. Aus der Tabelle ist sichtbar, dass mit abnehmenden Druck und zunehmender Temperatur die Partikelgröße bei festem Wert für σ sinkt. Die Beispiele in der Tabelle zeigen ($\sigma = 1.4$), dass der CMD bei Druckreduzierung um 40 % und bei Temperaturerhöhung um 30 % reduziert wird.

Tabelle 4.2 Geometrische Standardabweichung σ, mittlerer Durchmesser CMD und Anzahlkonzentration N für CO$_2$ Partikel bei verschiedenen Drücken und Temperaturen in der RESS-Apparatur.

p_0 [bar]	T_0 [K]	σ	CMD [nm]	N [10^8 cm^{-3}]
400	298	2.1	140	3.9
400	298	1.8	240	1.6
400	298	1.6	380	0.8
400	298	1.4	600	0.2
400	298	1.2	820	0.2
100	298	1.4	360	0.1
400	360	1.4	420	0.2

Ein guter Fit eines Spektrum sollte die schräge Basislinie bei höheren Wellenzahlen (in Abbildung 4.5 nicht sichtbar) und die Bandenform des experimentellen Spektrums wiedergeben. Abbildung 4.5 zeigt die angepasste v_3 Bande (Spektrum c) im Vergleich zu den experimentellen v_3 Banden (Spektren a und b). Die beiden Banden unterscheiden sich in der Auflösung. Das Spektrum in Abbildung a hat eine Auflösung von 2 cm^{-1} und das Spektrum in Abbildung b eine von 0.25 cm^{-1}. Dabei ist in Abbildung 4.5 b) der Gasphasenrest in der Expansion in Form der einzelnen Rotationsbanden erkennbar. Dieser fehlt in Abbildung 4.5 a) aufgrund der geringen Auflösung. Der Gasphasenbeitrag lässt sich hier nicht vom Partikelbeitrag trennen und verändert so geringfügig die Bandenform [8]. So ist die

Absorbanz der Schulter bei 2340 cm^{-1} in b größer als in a. Die Position, die Bandenbreite und die Absorbanz der Schulter sind für die Partikelgröße charakteristisch [44]. Diese Eigenschaften stimmen in Simulation und Experiment überein (vergleiche Spektrum b) mit Spektrum c)).

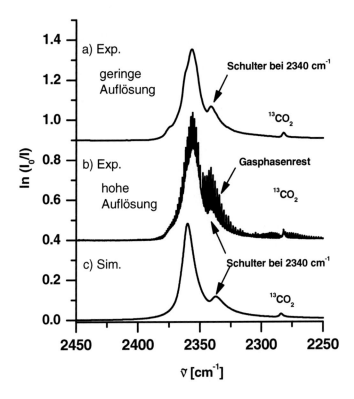

Abbildung 4.5 Antisymmetrische Strechschwingung ν_3 der CO$_2$ Partikel
Experimentelles Spektrum bei einer Auflösung von 2 cm^{-1} b) Experimentelles Spektrum bei einer Auflösung von 0.25 cm^{-1} c) Mit der Mie-Theorie berechnetes Spektrum aus der Anpassung an das experimentelle Spektrum in b). Verwendete Parameter für den Fit: $\sigma = 1.4$, $CMD = 680$ nm, $N = 0.1 \times 108$ cm-3 und der Brechungsindexdaten aus [61, 62].

Kapitel 5 Nonadekan und Adamantan

Neben der Charakterisierung der Partikel, war ein weiteres Ziel der Arbeit herauszufinden, ob Partikel mittels Infrarotspektroskopie direkt in der Expansion nachgewiesen werden können. Solche spektroskopischen in situ Untersuchungen könnten Aufschluss über die eigentliche Partikelbildung im Strahl geben. Dazu wurden Adamantan und Nonadekan mittels RESS untersucht. Die Löslichkeit in überkritischen CO_2 ist für beide Substanzen recht gut. Der Molenbruch für Adamantan beträgt $7,5 \cdot 10^{-3}$ ($T = 343$ K, $p = 400$ bar) und für Nonadekan $1,8 \cdot 10\text{-}2$ ($T = 310$ K, $p = 200$ bar) [54]. Adamantan (Tricyclo(3,3,1,1)dekan) besteht aus einem starren, käfigartigen Skelett aus 3 Cyclohexanringen und hat eine tetragonale Symmetrie [63]. Die Struktur ist in Abbildung 5.1 a) dargestellt. Adamantan besitzt also eine hohe Symmetrie. Es ist die kleinste wiederholende Einheit im Diamantgitter [64]. Das feste Adamantan gehört zu den plastischen Kristallen (Rotation der Moleküle unterhalb des Schmelzpunktes möglich). Es besitzt zwei feste Phasen. Der Phasenübergang liegt bei 208 K. Unterhalb dieser Temperatur existiert Adamantan in der geordnete β-Phase, d.h. die Kristalle sind tetragonal (Punktgruppe: T_d) angeordnet. Über 208 K geht diese Orientierungsordnung verloren, da die Moleküle freier rotieren können. Die Struktur ändert sich in kubisch-flächenzentriert (α-Phase) [65]. Sowohl Adamantan als Nonadekan kommen in Erdöl vor. Nonadekan ist ein langkettiges Alkan. Die Struktur ist in Abbildung 5.1 b) dargestellt.

a)

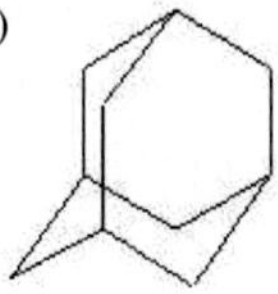

b)

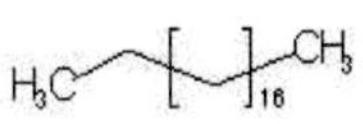

H_3C ⌇⌇⌇ CH_3 16

Abbildung 5.1 Strukturen von a) Adamantan und b) Nonadekan.

In diesem Kapitel werden zuerst die Größenverteilungen von Nonadekan und Adamantan diskutiert (Kapitel 5.1). Anschließend werden die IR-Spektren während und nach der Expansion miteinander verglichen (Kapitel 5.2).

5.1 Größenverteilungen

In den Abbildung 5.2 bzw. Abbildung 5.3 sind die Anzahlgrößenverteilungen von Adamantan- bzw. Nonadekanpartikel dargestellt. Die Verteilungen wurden online mit dem SMPS nach der Expansion aufgenommen. Die Dauer der Messzeit beträgt 2 min (siehe Kapitel 3.3.2). Die Expansion mittels RESS erfolgte sowohl bei Adamantan als auch bei Nonadekan bei $T_0 = 298$ K, $p_0 = 400$ bar und $d_{\text{Düse}} = 150$ µm. Beide Abbildungen (Abbildung 5.2 bzw. Abbildung 5.3) zeigen, dass sich die Größenverteilungen gut durch eine Lognormalverteilung reproduzieren lassen. Dabei charakterisieren die Parameter d_g (geometrischer Mittelwert), σ_g (geometrische Standardabweichung) und N (gesamte Anzahlkonzentration) die Lognormalverteilung. Für Adamantan (Abbildung 5.2) erhält man:

$d_g = 100$ nm, $\sigma_g = 1.7$, $N = 2.7 \times 10^6$ cm^{-3}.

Die Größenverteilung von Nonadekan enthält zwei Maxima. Diese wurden durch je eine separate Lognormalverteilung angepasst. Die Parameter für die zwei Verteilungen für Nonadekan sind:

Verteilung 1: $d_g = 53$ nm, $\sigma_g = 1{,}33$, $N = 2{,}16 \times 10^5$ cm^{-3} und

Verteilung 2: $d_g = 415$ nm, $\sigma_g = 1{,}6$, $N = 1{,}68 \times 10^7$ cm^{-3}.

Die Verteilung von Adamantan zeigt, dass die Partikel relativ klein sind. Da das Gerät nur bis 900 nm unter den verwendeten Bedingungen misst, können größere Durchmesser nicht ausgeschlossen werden. Allerdings hat Adamantan einen großen Dampfdruck. Er beträgt $p = 2.4 \times 10^{-4}$ bar [66]. Deshalb besteht die Möglichkeit, dass Adamantan teilweise schon als Gas und nicht mehr als Aerosol vorliegt. Dies könnte eine Ursache für den geringen Partikeldurchmesser sein. Aufgrund der Flüchtigkeit von Adamantan konnten keine REM-Bilder aufgenommen werden. Der Druck im Sputtercoater während Goldbeschichtung für die Probenpräparation beträgt $p = 4 \times 10^{-5}$ bar und der Kammerdruck im REM ist kleiner als 10^{-8} bar. Damit sind beide Arbeitsdrücke in den Apparaturen wesentlich niedriger als der Dampfdruck von Adamantan.

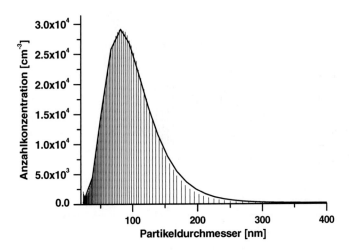

Abbildung 5.2 Größenverteilung von Adamantanpartikeln.
Senkrechte Balken: Anzahlgrößenverteilung von Adamantanpartikel, gemessen online mit dem SMPS.
Kurve: Fit an die gemessene Verteilung. Als Funktion wurde eine Lognormalverteilung angenommen.

Die Größenverteilung von Nonadekan zeigt zwei Maxima. Ein Maximum befindet sich bei relativ kleinen Durchmessern (d_g = 53 nm), das andere bei wesentlich größeren Durchmessern (d_g = 415 nm). Eine mögliche Erklärung für die Beobachtung von zwei Maxima wäre, dass nicht alle Partikel kugelförmig sondern einige auch stäbchenförmig vorliegen. Eine zweite Erklärung wäre, dass kugelförmige Primärpartikel agglomerieren und lange Ketten ausbilden. Würde die letzte Erklärung zutreffen, müsste das größere Maximum mit der Zeit zunehmen. Deshalb wurden drei Messungen mit dem SMPS nacheinander durchgeführt (siehe Kapitel 3.3.2). Diese Messungen zeigen, dass der geometrische Mittelwert annähernd konstant bleibt. Das zeigt, dass die Partikel nicht agglomerieren und dass deshalb die zweite Erklärung nicht zutrifft. Deshalb kann angenommen werden, dass Nonadekanpartikel stäbchenförmig vorliegen. Um die Daten abzusichern, wurden von Nonadekan REM-Bilder aufgenommen. Allerdings erfolgte die Probenahme, indem der Probenhalter direkt in die Expansion gehalten wurde. Dadurch werden die Partikel zerstört und es lässt sich nur eine einheitliche Schicht von Nonadekan auf den REM-Bildern erkennen. Aus diesem Grund konnten auch für Nonadekan keine Daten aus den REM-Bildern erhalten werden.

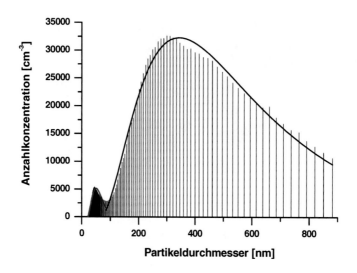

Abbildung 5.3 Größenverteilung von Nonadekanpartikeln.

Senkrechte Balken: Anzahlgrößenverteilung von Nonadekanpartikel, gemessen online mit dem SMPS. Rote und Schwarze Kurven: Fits an die gemessenen Verteilungen. Als Funktion wurde eine Lognormalverteilung angenommen.

5.2 IR-Spekren in der Expansion

In Abbildung 5.4 und Abbildung 5.5 sind die CH-Streckschwingungen von Nonadekan- und Adamantanpartikeln, die mit RESS erzeugt wurden, dargestellt. Die oberen Spektren für Nonadekan und Adamantan (beide Teil a) wurden 1 cm entfernt von der Düse im kollisionsfreien Bereich vor der Machscheibe aufgenommen. Die unteren Spektren für die beiden Substanzen (Teil b) in Abbildung 5.4 und Abbildung 5.5 wurden 2 min nach der Expansion 30 cm entfernt von der Düse aufgenommen. Die weiteren experimentellen Bedingungen für die Expansion sind $T_0 = 298$ K, $p_0 = 400$ bar und $d_{\text{Düse}} = 50$ µm für die Messungen in der Expansion bzw. $d_{\text{Düse}} = 150$ µm für die Messungen nach der Expansion. Das Spektrum 5.4b zeigt Absorptionsbanden vom gasförmigen CO_2 und dem Endprodukt, das aus reinen Nonadekanpartikeln besteht. Dagegen liegt im Spektrum 5.4a sowohl CO_2 als auch Nonadekan als kleine Partikel vor. Dabei ist nicht klar, ob die beiden Komponenten als statistisch gemischte Partikel vorliegen oder ob zuerst Nonadekan ausfällt und den

Kondensationskern für das flüchtigere CO_2 bildet. Das würde zu Partikeln führen, in denen Nonadekan von CO_2 umhüllt wird. Diese beiden Fälle lassen sich anhand der Absorptionsbanden von CO_2 nicht unterscheiden. Die CO_2 Menge in der überkritischen Lösung ist wesentlich größer als die gelöste Menge von Nonadekan. Deshalb lassen sich keine Unterschiede zwischen den Absorptionsbanden von reinen CO_2-Partikeln (siehe Kapitel 4) und denen von der Mischung CO_2/Nonadekan erkennen.

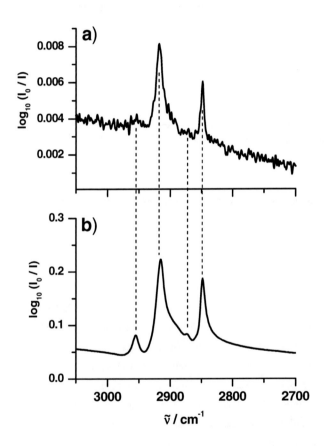

Abbildung 5.4 Infrarotspektrum von Nonadekanpartikeln in der Region der CH- Streckschwingungen
a) Spektrum, dass während der Expansion in der kollisionsfreien Ruhezone 1 cm von der Düse entfernt aufgenommen wurde. Hier liegen Nonadekan und CO_2 als Partikel vor. b) Spektrum von reinen Nonadekanpartikeln, das nach der Expansion aufgenommen wurde. CO_2 liegt nur noch als Gas vor.

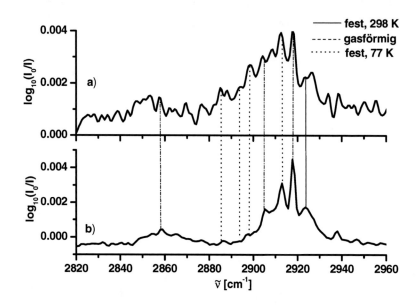

Abbildung 5.5 Infrarotspektrum von Adamantanpartikeln in der Region der CH-Streckschwingungen.
a) Spektrum, das während der Expansion in der kollisionsfreien Ruhezone 1 cm von der Düse entfernt aufgenommen wurde. b) Spektrum, das nach der Expansion aufgenommen wurde.

Im Gegensatz zu den CO_2 Banden könnten die Absorptionsbanden von Nonadekan Informationen enthalten, ob die Partikel gemischt mit CO_2 oder umhüllt von CO_2 vorliegen. Für CO_2 umhüllte Nonadekanpartikel würde man die gleichen Absorptionsbanden wie für reine Nonadekanpartikel erwarten, da der Einfluss des umhüllenden CO_2 vernachlässigbar ist. Wechselwirkungen zwischen CO_2 und Nonadekan in der Grenzschicht sind also im Vergleich zu den Wechselwirkungen zwischen den einzelnen Nonadekanpartikel vernachlässigbar. Dagegen könnten für gemischte Partikel Matrixeffekte auftreten, die die Absorptionsbanden von Nonadekan verschieben, da für diesen Fall Wechselwirkungen zwischen Nonadekan und CO_2 berücksichtigt werden müssen. Leider sind keine Matrixeffekte für Nonadekan bekannt. Deshalb kann nicht ausgeschlossen werden, dass es sich nicht um Mischpartikel handelt, wenn keine Verschiebung der Banden vorliegt. Vergleicht man Abbildung 5.4a und b miteinander, so ist keine Verschiebung der Absorptionsbanden zwischen dem reinen Nonadekanpartikeln und den gemischten CO_2- Nonadekanpartikeln zu erkennen. Deshalb kann man aus den Infrarotspektren nicht entscheiden, ob die Bildung von CO_2 umhüllte Nonadekanpartikel in der Expansion mit den experimentellen Daten übereinstimmt. Statistisch gemischte Partikel können nicht vollständig ausgeschlossen werden. Allerdings spricht für die CO_2 umhüllten Nonadekanpartikel, dass Nonadekan wesentlich weniger flüchtig ist als CO_2 und deshalb auch als erstes kondensiert. Theoretische Untersuchungen [22, 67] an Phenanthren (siehe Kapitel 6) zeigten, dass der Feststoff theoretisch schon in der Düse kondensieren sollte. Dies weist auch eher auf umhüllte Nonadekanpartikel hin.

In Abbildung 5.5 sind die Absorptionsbanden im CH-Streckbereich während (Abbildung 5.5 a) und nach der Expansion (Abbildung 5.5 b) für Adamantan dargestellt. Auf den ersten Blick scheint auch keine Verschiebung bei Adamantan zu existieren, aber die Intensitätsverteilung unterscheidet sich deutlich. Für das in der Expansion gemessene Spektrum findet man bei genauerer Betrachtung eine Schulter um 2890 cm^{-1} bei kleineren Wellenzahlen. Diese Schulter erscheint nicht im Spektrum, welches nach der Expansion gemessen wurde. Wie oben erwähnt, besitzt Adamantan zwei Phasen (α- und β-Phase), die beide ein charakteristisches IR-Spektrum zeigen. In Tabelle 5.1 sind die Wellenzahlen aus dem Spektrum in Abbildung 5.5 b)und die für den CH-Strechbereich für gasförmiges und festes Adamantan bei 77 K bzw. 298 K aus der Literatur [68, 69] entnommenen Werte aufgelistet.

Beim Vergleich der Wellenzahlen erkennt man, dass im Spektrum in Abbildung 5.5 b) neben den festen Phasen bei 77 K bzw. 298 K ein großer Anteil gasförmiges Adamantan existiert. Der Grund für gasförmiges Adamantan ist dessen hohe Dampfdruck. Es kommen beide festen Phasen vor, da das Spektrum direkt nach der Expansion aufgenommen wurde und zu diesem Zeitpunkt noch nicht alle Partikel ihre Struktur in die α-Phase umgewandelt haben.

Für das in der Expansion gemessene Spektrum stimmen die Wellenzahlen mit denen für die feste Phase bei 77 K überein. In der Ruhezone sinkt die Temperatur aufgrund der Zunahme der Geschwindigkeit der Teilchen und der Energieerhaltung (siehe Kapitel 3.4.2). Die genaue Temperatur in der Expansion lässt sich aufgrund der ungenügenden Auflösung des Spektrometers nicht bestimmen (siehe Kapitel 3.2.1). Trotzdem kann davon ausgegangen werden, dass die Temperatur in der Expansion unter 208 K ist und dass Adamantan somit in der β-Phase vorliegt. Die weiteren Absorptionen stammen von der festen Phase bei 298 K und von der Gasphase von Adamantan vermutlich außerhalb der Ruhezone, in der Expansionskammer. Die Intensität der Absorptionsbanden für gasförmiges Adamantan und für die feste α-Phase sind wesentlich geringer als für die im Spektrum in Abbildung 5.5 b). Auch bei Adamantan kann keine klare Aussage getroffen werden, ob sich während der Expansion statistisch gemischte CO_2/ Adamantanpartikel oder mit CO_2 beschichtete

Adamantanpartikel gebildet haben. Aufgrund der hohen Flüchtigkeit von Adamantan istdie Annahme statisch gemischter Partikel plausibler als bei Nonadekan. Da Adamantan wie CO_2 nach der Expansion teilweise gasförmig vorliegt, scheint die Kondensation der Adamantanpartikel wesentlich später stattzufinden als für Nonadekan.

Ein Ziel dieser Arbeit war die Partikelbildung zu verstehen. Dazu sollten IR-Spektren in der Expansion aufgenommen werden. Diese Methode konnte aber keine neuen Informationen über die Partikelbildung liefern.

Tabelle 5.1 Wellenzahlen in cm^{-1} der Absorptionsbanden von Adamantan in der Region der CH-Streckschwingung für die Spektren in Abbildung 5.5

Index a für Abbildung 5.5 a), Index b für Abbildung 5.5 b), für Adamantan in gasförmigen [68] und festen Phase bei 77 K [69] bzw. 298 K [68]

Spektrum (Abbildung 5.5)	Dampf, 448 K [68]	fest, 77 K [69]	fest, 298 K [68]
2858.9^b	2858.4	2850	2853.5
2885^a		2885	
2888.2^a		2889	
2898.5^a		2899	
2905.2^a, 2904.3^b	2904	2903	
2912.9^a, 2912.6^b		2913	
2917.8$^{a/b}$	2917.5		
2923.6$^{a/b}$		2922	2923.5
2926.1^a		2929	

Kapitel 6 Phenanthren

Phenanthren ist ein polyaromatischer Kohlenwasserstoff (PAK) und ein Isomer des Anthracens. Die Struktur ist in Abbildung 6.1 dargestellt. Aufgrund der fehlenden hydrophilen Gruppen ist es kaum wasserlöslich (1,1 mg/l bei 25°C), aber es löst sich vergleichsweise gut in unpolaren Lösungsmitteln, wie z.B. in überkritischem CO_2. Der Molenbruch von Phenanthren in überkritischen CO_2 beträgt etwa $1 \cdot 10^{-3}$ bei 303 K und 400 bar [54]. Aufgrund dieser Eigenschaft wurde es als Modellsubstanz für erste Untersuchungen mit der neu aufgebauten Apparatur verwendet. Ein anderer Grund für die Verwendung von Phenanthren ist, dass es bereits früher experimentell mit RESS untersucht wurde. Zudem wurde es in der Modellierung von Prozessen zur Partikelbildung mit RESS benutzt [15, 67].

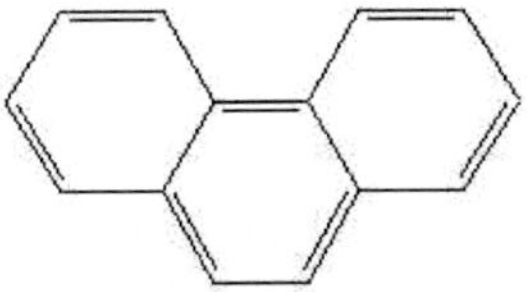

Abbildung 6.1 Struktur Phenanthrens.

Phenanthrenpartikel kommen wie andere PAK auch als Umweltschadstoff in der Atmosphäre, im Wasser und in Bodensedimenten vor [70]. Es wird bei unvollständigen Verbrennungen und bei Verbrennung mit sehr hoher Temperatur gebildet. Außerdem wurden sie im interstellaren Raum als Staubpartikel und in Meteoriten nachgewiesen [71, 72].

Die Kenntnis von Infrarotspektren und optische Daten im Infraroten (z.B. komplexer Brechungsindex) der Partikel sind hier sehr wichtig, da aus diesen Daten Aussagen über die Zusammensetzung, die Teilchenkonzentration und die Größe der Partikel möglich sind. Um den komplexen Brechungsindex zu berechnen, wird hier Mie-Theorie und das Lorentz Modell verwendet (siehe Gleichung (2.10) bis (2.12)). Dazu müssen die Partikelgrößen und –formen sowie das Infrarotspektrum bekannt sein. Deshalb wurde in dieser Arbeit zuerst die Partikelgrößenverteilung mit einem SMPS bestimmt und diese mit den Ergebnissen von 3-WEM bzw. REM verglichen (Kapitel 6.1). Die Partikelform wurde mit REM bestimmt. Mit diesen Ergebnissen und dem IR-Spektrum von Phenanthrenpartikeln (Kapitel 6.2) wurde der komplexe Brechungsindex berechnet (Kapitel 6.3).

6.1 Größenverteilungen und Form von Phenanthrenpartikeln

In Abbildung 6.2 sind die Größenverteilungen von Phenanthrenpartikeln dargestellt, die mit SMPS online (a)) und REM (b)) aufgenommen wurden. Die Bedingungen für die Partikelbildung sind die Temperatur im Reservoir $T_0 = 298$ K, der Druck im Reservoir $p_0 = 400$ bar und dem Düsendurchmesser $d_{Düse} = 150$ µm. Eine an die experimentellen Daten angepasste Größenverteilung ist in Abbildung 6.2 a) durch Dreiecke dargestellt. Sie entspricht einer Lognormalverteilung und wird charakterisiert durch den geometrischen Mittelwert d_g, die geometrische Standardabweichung σ_g und die Gesamtanzahlkonzentration N (siehe Kapitel 2.5). Die Dreiecke zeigen, dass die experimentelle Größenverteilung gut durch eine Lognormalverteilung dargestellt werden kann. Die aus der Anpassung bestimmten Parameter sind:

$$d_g = 240 \text{ nm}, \sigma_g = 2.2 \text{ und } N = 4.5 \times 10^6 \text{ cm}^{-3}.$$

Da der Messbereich des SMPS auf 900 nm begrenzt ist, kann nicht ausgeschlossen werden, dass ein weiteres Maximum für Größenverteilung bei größeren Partikelgrößen außerhalb des Messbereichs existiert. Dagegen sprechen allerdings die Messungen mit REM und 3-WEM.

In Abbildung 6.2 b) ist die entsprechende Größenverteilung aus den REM-Experimenten dargestellt. Die Größenverteilung wurde durch Zählen aller Partikel in mehreren REM-Bildern in einem bestimmten Größenbereich erhalten. Dabei wurde die Weite des Intervalls willkürlich gewählt. Die Größenverteilung aus den REM-Bildern in Abbildung 6.2 b) ist weniger detaillierter als die Größenverteilung von dem SMPS. Beide zeigen jedoch klar den gleichen Trend. Ein Beispiel der verwendeten REM Bilder ist in Abbildung 6.3 gezeigt. Aus dem REM Bild erkennt man einzelne Partikel mit annähernd kugelförmiger Form. Die Partikelgrößen bewegen sich zwischen 50 nm und mehreren hundert Nanometern. Die größeren Partikel bestehen teilweise aus kleinen Aggregaten der Primärpartikel, trotzdem ist ihre Gesamtform immer noch annähernd kugelförmig [7].

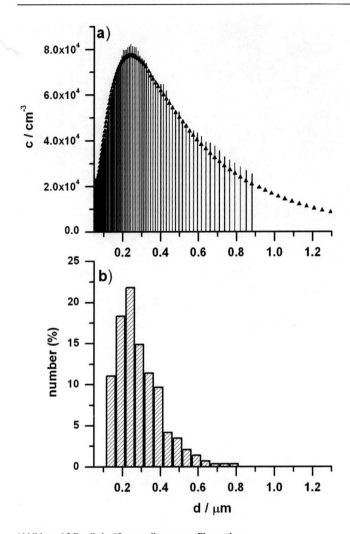

Abbildung 6.2 Partikelgrößenverteilungen von Phenanthren

a) Die Anzahlgrößenverteilung von Phenanthrenpartikeln, die mit dem SMPS online aufgenommen wurde, ist durch die Säulen dargestellt. Die Säulen stellen die Mitte eines Messintervalls dar. c: ist die Anzahlkonzentration pro logarithmisches Probenintervall. Die Dreiecke entsprechen einer an die experimentellen Daten angepasste Verteilung, die als Lognormalverteilung angenommen wird.

b) aus den REM Messungen erhaltende Größenverteilung. Die Ordinate zeigt den Prozentsatz der Partikel für eine bestimmte Größe, das Größenintervall beträgt 50 nm.

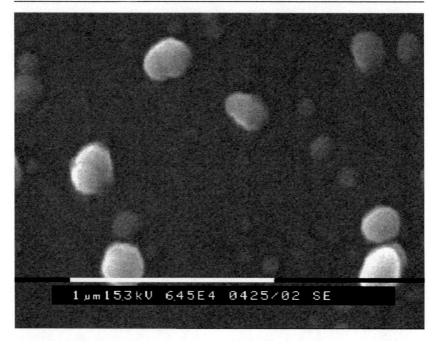

Abbildung 6.3 REM Bild von Phenanthrenpartikeln bei 64500- facher Vergrößerung

Die dritte verwendete Methode um die Größenverteilung von Phenanthrenpartikel zu bestimmen, ist die 3-WEM Messung. Diese Methode basiert auf der Annahme von kugelförmigen Partikeln. Da die Phenanthrenpartikel annähernd kugelförmig sind, sollte sich die Größenverteilung der Phenanthrenpartikel auch sehr gut mit 3-WEM bestimmen lassen. Anders als erwartet, zeigen diese zum SMPS und zum REM abweichende Ergebnisse. Die 3-WEM Messung gibt systematisch größere mittlere Durchmesser und kleinere geometrische Standardabweichung verglichen mit SMPS und REM aus. Die Durchmesser sind bis zu 40 % überbewertet und die Standardabweichungen sind bis zu 20 % unterbewertet (siehe auch Ergebnisse in [41]). Ähnliche Ergebnisse wurden bereits in früheren Studien, die 3-WEM mit anderen Methoden zur Größenbestimmung verglichen, beobachtet [26, 43, 73]. Dagegen stimmen Trends von 3-WEM und SMPS überein. Sowohl SMPS als auch 3-WEM Messungen zeigen, dass die mittleren Durchmesser der Phenanthrenpartikel im zeitlichen Verlauf (2 - 12 min nach dem Start der Expansion; siehe Kapitel 3.3.2) um bis zu 20 % zunehmen und die geometrischen Standardabweichungen annähernd konstant bleiben. Diese Zunahme ist sicherlich auf die Agglomeration der Partikel zurückzuführen.

Für die bisher beschriebenen Ergebnisse wurde eine Düse mit 150µm Durchmesser verwendet. Wenn stattdessen eine Düse mit kleinerem Durchmesser (wie z.b. $d_{Düse} = 50$µm) für die Partikelherstellung benutzt wird, nimmt sowohl der mittlere Durchmesser als auch die geometrische Standardabweichung im Vergleich zur 150 µm Düse ab. Der Durchmesser fällt um bis zu 13 % und die Standardabweichung um bis zu 15 %. Dagegen gibt es bei der Änderung der Temperatur (zwischen 298 – 398 K) und bei der Änderung des Druckes (zwischen 200 – 400 bar) keine signifikanten Änderungen in der Partikelgröße von Phenanthren.

Beim Vergleich dieser Ergebnisse für Phenanthrenpartikel mit denen aus früheren Studien zeigt sich, dass die Ergebnisse nicht übereinstimmen. Berends et al. [32, 74] haben die Partikeldurchmesser mit REM und optischen Lichtmikroskopen bestimmt. Sie ermittelten mit diesen Methoden Durchmesser zwischen 1 – 7 µm. Auch Liu et al. [75, 76] verwendeten optische Mikroskope zur Partikelgrößenbestimmung. Sie erhielten sogar Partikeldurchmesser um die 70µm. Sowohl Berends als auch Liu zeigen, dass die Partikel eine längliche oder irreguläre Form haben. Ginosar et al. [77] haben REM, einen Kaskadenimpaktor und online ein SMPS sowie ein APS (aerodynamischer Partikelsizer) verwendet um die Partikelgröße von Phenanthren zu bestimmen. Sie erhielten eine bimodale Größenverteilung mit mittleren Durchmessern von 18.4 nm und 840 nm. Dazu muss man sagen, dass sie keine Partikelgrößen im Bereich zwischen 100 und 540 nm messen konnten. Das ist genau der Bereich in welchen das von uns gemessene Maximum der Größenverteilung liegt. Deshalb ist nicht klar, ob es sich um eine bimodale Größenverteilung handelt. Für die beobachteten Abweichungen zu früheren Ergebnissen, gibt es verschiedene Gründe. Eine Erklärung liefern zunächst die unterschiedlichen Expansionsbedingungen wie Druck und Temperatur. Aber wie schon im vorherigen Abschnitt erwähnt, konnten wir in unseren Untersuchungen keine Abhängigkeiten der Partikelgröße für Phenanthren von Druck und Temperatur finden. Deshalb kann das nicht der Hauptgrund für die Abweichungen sein. Eine andere Erklärung wäre, dass wir mit einer gepulsten Expansion und die anderen Studien mit kontinuierlichen Expansionen arbeiten. Um diesen Punkt abzuklären, wurden die Partikelbildung für Benzoesäure und Cholesterol untersucht. Beide Substanzen wurden früher bereits von Türk et al. [26, 78] in einer kontinuierlichen Expansion untersucht. Für beide Systeme wurden die gleichen Ergebnisse (die gleichen Partikelgrößen und –formen) gefunden wie in den früheren Studien. Deshalb kann ausgeschlossen werden, dass die Abweichungen auf die gepulste Expansion zurückzuführen ist. Ein dritter Grund für die Abweichungen könnte die unterschiedliche Probenbedeckung auf den Probenhaltern für Untersuchungen mit REM und den optischen

Mikroskopen sein. Das REM-Bild in Abbildung 6.3 zeigt, dass unsere Probe nur sparsam mit Phenanthrenpartikel bedeckt war. In [32, 76] waren die Proben jedoch mit einer Schicht aus Partikeln belegt. Deshalb haben wir auch eine Schicht von Partikeln untersucht. Dazu wurden Partikel von mehreren Expansionen gesammelt. Die REM-Bilder von der Partikelschicht sind in

Abbildung 6.4 und Abbildung 6.5 dargestellt. Bei geringer Vergrößerung wie in Abbildung 6.4 könnte man meinen, dass sich Partikel mit länglicher oder irregulärer Form und Größen deutlich über 1 μm gebildet haben. Wird die Vergrößerung jedoch erhöht, erkennt man, dass die Partikelschicht aus stark agglomerierten kugelförmigen Primärpartikeln besteht. Das ist in Abbildung 6.5 dargestellt. Die Möglichkeit der Agglomeration der Partikel wurde bereits in [77] erwähnt. Die Abbildung 6.4 und Abbildung 6.5 zeigen, dass die Abweichungen zu den früheren Studien [32, 74- 76] nur aus der dichten Bedeckung mit Partikeln auf dem Probenhalter und der zu geringen Auflösung der in diesen Untersuchungen verwendeten Mikroskope resultiert. Wir schließen daraus, dass die hier mit SMPS gemessene Größenverteilung zusammen mit den Ergebnissen aus REM und 3-WEM recht genaue Informationen über die Größe und die Form der Partikel geben. Diese Informationen werden für die Berechung des komplexen Brechungsindexes verwendet (siehe Kapitel 6.3).

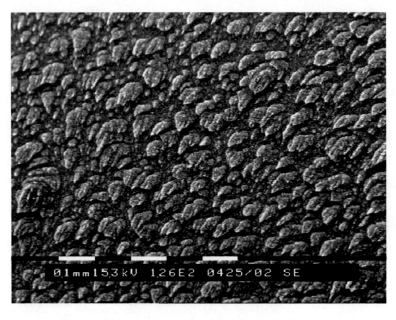

Abbildung 6.4 REM Bild einer Schicht aus Phenanthrenpartikeln bei 126 facher Vergrößerung

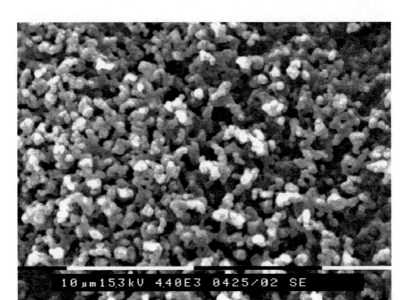

Abbildung 6.5 REM Bild einer Schicht aus Phenanthrenpartikeln bei 4400 facher Vergrößerung

6.2 Infrarotspektren von Phenanthren

Abbildung 6.6 zeigt Infrarotspektren von verschiedenen Phenanthrenproben. Das Spektrum in Abbildung 6.6 a) wurde nach der Expansion am statischem Aerosol in der Expansionszelle ($p_0 = 400$ bar, $T_0 = 298$ K, $d_{Düse} = 150$ µm) gemessen. Die starken Absorptionsbanden des Lösungsmittels CO_2 unter 800 cm^{-1} und zwischen 2000 und 2500 cm^{-1} sind herausgeschnitten. Das Spektrum wurde zeitgleich zur 1. Messung der Größenverteilung mit SMPS und 3-WEM (siehe vorheriger Abschnitt) aufgenommen. Zum Vergleich wurden Spektren von einem KBr Pellet mit kristallinem Phenanthren (Abbildung 6.6 c) und einer Partikelschicht (Abbildung 6.6 b), die auf einem NaCl Fenster hergestellt wurden, aufgenommen. Alle Spektren zeigen starke, gut aufgelöste schmale Absorptionsbanden und starke Streueffekte, was sich im Anstieg der Basislinie widerspiegelt. Das zeigt, dass auch die mit RESS gebildeten

Phenanthrenpartikel kristallin sind. Das gleiche Ergebnis für Phenanthrenpartikel wurde mit Röntgenpulverdiffraktometrie in den Referenzen [42] und [79] gefunden.

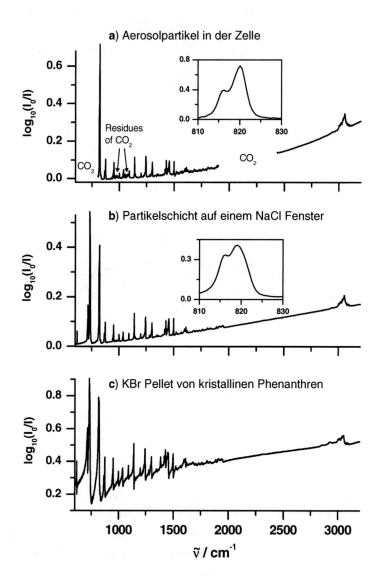

Abbildung 6.6 Infrarotspektren von verschiedenen Phenanthrenproben

Aerosolpartikel in der Expansionskammer. b) Partikelschicht auf einem NaCl Fenster. c) KBr Pellet von kristallinen Phenanthren. **Die eingefügten Einsätze in Teil a) und b) zeigte die starke Absorptionsbande bei 918 cm^{-1}**

Die Spektren a) und b) zeigen starke Streueffekte, was sich im Anstieg der Basislinie zu höheren Wellenzahlen hin widerspiegelt. Bei genauer Betrachtung der Absorptionsbande bei 819 cm^{-1} (Einsätze in Abbildung 6.6 a) und b) sieht man, dass die relative Intensität der Bande für die Aerosolpartikel größer ist als für die Partikelschicht von Phenanthren. Aus den Einsätzen in Abbildung 6.6 a) und b) sieht man auch, dass sich die Bandenform unterscheidet. Diese Unterschiede könnten zwei Ursachen haben. Eine erste Erklärung für die Unterschiede in der Bandenform wären unterschiedliche Strukturen der Partikel (amorph, kristallin). Allerdings würde man auch unterschiedliche Intensitäten und Bandenbreite für andere Banden und nicht nur für die starke Absorptionsbande bei 819 cm^{-1} erwarten. Da aber die Spektren wie oben bereits erwähnt schmale Banden besitzen scheidet diese Erklärung aus. Das ist auch daher unplausible, weil die Aerosolpartikel und die Partikel in der Schicht unter den gleichen Bedingungen gebildet worden sind.

Eine plausiblere Erklärung dieser Effekte stellt die Excitonenkopplung dar. Diese geht von der resonanten Kopplung von oszillierenden Dipolen von einzelnen Molekülen in Partikeln aus. Dabei müssen die Partikel aufgrund der Resonanzbedingung aus equivalenten Molekülen bestehen und große Übergangsdipole (> 0.1 - 0.2 D) besitzen [44]. Das Übergangsdipolmoment für die Bande bei 819 cm^{-1} beträgt $\delta\mu \sim 0.17$ D und wird deshalb durch Excitonenkopplung beeinflusst. Excitonenkopplung wird durch die Größe und die Form der Partikel beeinflusst [7, 44]. In diesem Fall liegen kugelförmige (Aerosol: Abbildung 6.6 a) bzw. kugelförmige, agglomerierte Partikel (Partikelschicht: Abbildung 6.6 b) vor. In früheren Studien [80] wurde gezeigt, dass über Excitonenkopplung nicht nur ein Anstieg der relativen Intensität an der niederfrequenten Seite der Bande (wie für einzelne Partikel) sondern auch ein Anstieg an der hochfrequenten Seite für kettenähnliche Moleküle erklärt werden kann. Diese Erklärung entspricht den gezeigten Banden in den Einsätzen.

6.3 Brechungsindexdaten für Phenanthrenpartikel

Mit dem IR-Spektrum aus Abbildung 6.6 (für den Bereich zwischen 800 cm^{-1} und 3320 cm^{-1}), der Größenverteilung aus Abbildung 6.2 a) und dem Wissen, dass die Partikel kugelförmig sind, lässt sich mit dem Lorentz Modell (siehe Kapitel 2.8) und der Mie-Theorie (siehe Kapitel 2.7) der komplexe Brechungsindex der Aerosolpartikel bestimmen. Dazu wird über ein Computerprogramm aus zunächst abgeschätzten Lorentzparametern mit dem Lorentz-Modell der komplexe Brechungsindex mit dem Realteil n und dem Imaginärteil k bestimmt.

Mit diesen optischen Konstanten n und k sowie der bekannten Größenverteilung der Partikel wird über die Mie-Theorie der frequenzabhängige Extinktionsquerschnitt C_{ext} und daraus über das Lambert-Beersche Gesetz (optische Weglänge $l = 32,4$ cm, Anzahlkonzentration der Partikel N aus der angepassten Größenverteilung) die Absorbanz für das Extinktionsspektrum berechnet. Die Abweichung wird zum experimentellen Spektrum ermittelt. Iterativ werden die Lorentzparameter solange verändert, bis das berechnete Spektrum mit dem experimentellem innerhalb einer festgelegten Fehlertoleranz übereinstimmt. In Tabelle 6.1 sind die so ermittelte Lorentzparameter (Resonanzwellenzahl v_s, die reduzierte Oszillatorenstärke f_s, Dämpfungsbreite γ_s und ε_c: Offset) dargestellt. Jeder Satz von Parametern charakterisiert jeweils einen einzelnen Lorentzoszillator. Die Anzahl der Oszillatoren hängt dabei von der Anzahl der intra- und intermolekularen Schwingungen und Wechselwirkungen zwischen diesen ab. Die Gesamtanzahl der hier verwendeten Oszillatoren beträgt 50. Zu bemerken ist hier, dass die Anzahl der Normalmoden für ein isoliertes Phenanthrenmolekül 66 beträgt. Hier werden weniger Oszillatoren benötigt, da nur der Bereich zwischen 800 cm^{-1} und 3320 cm^{-1} betrachtet wird und einige Normalmoden IR-inaktiv oder entartet sind. Ein weiterer wichtiger Parameter ist der Offset der dielektrischen Funktion ε_e, der dem gesamten elektronischen Beitrag zur dielektrischen Funktion entspricht [79]. Er entspricht hier dem konstanten Wert von 3,00.

Aus diesen angepassten Lorentzparameter wurde der frequenzabhängige komplexe Brechungsindex mit den Realteil n und dem imaginären Teil k berechnet. Diese sind in Abbildung 6.7 dargestellt. Das Gebiet unter 2000 cm^{-1} wird von der starken Absorption der CH- Knickschwingung bei 819cm^{-1} dominiert. Das spiegelt sich auch in der reduzierten Oszillatorenstärke wieder, die bei den entsprechenden Resonanzfrequenzen große Werte annimmt. In der Region dieser Bande ist n klein und k variiert weit. Das ist in der Mie-Theorie eine Bedingung für das Auftreten von Formeffekten in Partikelspektren [42]. Im vorhergehenden Abschnitt wurden die Formeffekte dieser Bande schon anhand der Excitonenkopplung erklärt. Im Gegensatz zur Mie-Theorie liefert dies eine mikroskopische Erklärung. Die anderen Schwingungen in der Region unter 2000 cm^{-1} sind eher schwach. Die reduzierte Oszillationsstärke nimmt dementsprechend geringe Werte an. In dieser Region sind die einzelnen Übergänge gut aufgelöst, während die CH-Streckschwingungen um 3100 cm^{-1} stark überlappen.

Tabelle 6.1 Angepasste Lorentzparameter (Resonanzfrequenz v_s, Oszillatorenstärke f_s, Dämpfungsbreite γ_s und Offset ε_e) der dielektrischen Funktion (siehe Abschnitt 2.8) für Phenanthrenpartikel.

ε_e
3,00

v_s [cm^{-1}]	$f_s \cdot 10^4$	γ_s [cm^{-1}]
814,2	586,09	5,0
813,5	251,07	1,0
835,0	0,13	2,1
864,8	24,20	3,0
869,0	12,29	2,5
872,7	39,96	2,3
942,6	14,86	8,8
949,7	52,20	3,6
1000,3	20,71	6,7
1038,2	34,39	5,0
1091,8	15,71	2,9
1141,2	31,16	2,4
1147,9	6,59	4,9
1199,8	4,28	2,3
1224,0	2,16	3,8
1232,4	0,02	2,9
1237,1	12,33	6,1
1243,8	39,38	3,8
1279,3	4,79	3,7
1297,3	10,10	5,0
1302,5	21,31	3,5
1418,8	8,38	4,2
1428,8	14,81	2,7
1442,0	0,87	2,3
1442,1	11,58	7,3
1455,5	31,94	6,5
1497,0	0,21	2,4
1499,8	10,77	2,5
1529,1	3,98	9,9
1569,5	3,12	8,6
1598,2	8,43	8,7
1613,4	4,69	3,2
1622,9	7,38	9,8
1658,2	3,97	9,9

v_s [cm^{-1}]	$f_s \cdot 10^4$	γ_s [cm^{-1}]
1687,4	6,10	9,9
1708,8	3,29	9,6
1736,6	1,85	7,5
1759,4	2,28	10,0
1810,4	5,30	9,8
1840,0	1,06	2,2
3004,8	0,67	7,0
3021,0	1,70	8,8
3031,6	0,23	9,3
3037,7	0,69	3,9
3045,6	2,88	7,6
3056,1	7,16	8,2
3063,3	2,35	6,1
3071,3	4,99	9,2
3085,1	2,36	6,6

Die Lorentzparameter und optischen Konstanten wurden mehrmals für unterschiedliche experimentelle Messergebnisse (Größenverteilungen aufgenommen mit dem SMPS und IR-Spektren) für Phenanthrenpartikeln bestimmt. Daraus lassen sich die Fehler sowohl für die Lorentzparameter als auch für die optischen Konstanten abschätzen. Dazu wurde die hier dargestellten Messdaten als Referenz angenommen und von diesen ausgehend die Abweichung bzw. Überlappung mit den anderen Ergebnissen verglichen.

Da die Resonanzfrequenzen v_s und das Offset der dielektrischen Funktion ε_e konstante, diskrete Werte sind, können die Fehler dieser Parameter aus der mittleren quadratischen Abweichung berechnet werden:

$$\sigma = \frac{\sqrt{\sum_i (f_i - g_i)^2}}{N} \qquad (6.1)$$

Dabei ist N die Anzahl der Parameter, f_i die einzelnen Frequenzen bzw. ε_e für eine einzelne Messung und g_i die jeweiligen Parameter für die Referenzmessung. Die reduzierte Oszillatorenstärke f_s und die Dämpfungsbreite γ_s sowie die optischen Konstanten n und k sind Funktionen der Frequenz.

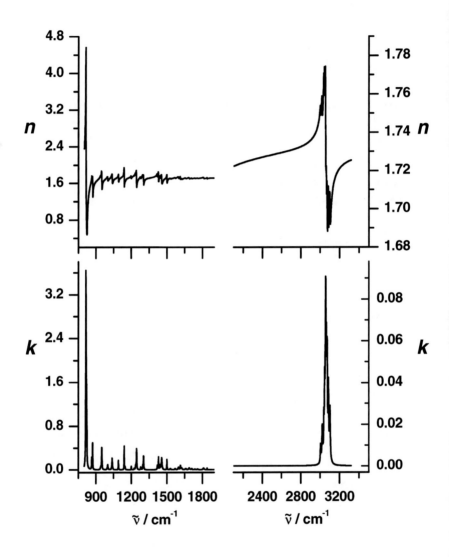

Abbildung 6.7 Optische Daten vom Phenanthrenaerosol.

Der obere Teil zeigt den Realteil *n* und der untere Teil den imaginären Teil *k* des komplexen Brechungsindexes

Deshalb wird der Fehler dieser Parameter und der optischen Konstanten über eine Überlappfunktion bestimmt, die wie folgt definiert ist:

$$(1-rms) = 1 - \frac{\sqrt{\sum_i (f_i - g_i)^2}}{\sqrt{\sum_i (f_i^2 + g_i^2)}}$$ (6.2)

Dabei sind f_i und g_i wiederum die jeweiligen Parameter für eine bestimmte einzelne Messung bzw. für die Referenzmessung. Bei vollständiger Übereinstimmung der Parameter für zwei verschiedene Messungen beträgt der Überlapp 1.

Für den Offset der dielektrischen Funktion ergibt sich eine Abweichung von 5 % und für die Frequenzen eine Abweichung von 0.05 %. Die reduzierte Oszillationstärke sowie die Dämpfungsbreite überlappen zu 81 % bzw. 84 %. Der Überlapp für die optischen Konstanten beträgt 95 % für n und 70 % für k. Da die Absorption bei 819 cm^{-1} aufgrund ihrer Stärke eine wesentlich stärkere Wichtung bekommt als anderen Absorptionen und diese Bande somit das Ergebnis verfälschen kann, wurde der Fehler für n und k noch mal ohne den Bereich um 819 cm^{-1} bestimmt. Er beträgt 98 % für n und 81 % für k.

Es gibt verschiedene Gründe für die Unsicherheiten. Ein Grund für die unterschiedlichen Ergebnisse ist, dass die Messungen für die Größenverteilung und für das IR-Spektrum nicht genau am gleichen Ort stattfinden. Für die IR-Spektren erfolgt die Datenaufnahme in der Expansionskammer, wo die Phenanthrenpartikel als statische Aerosolpartikel vorliegen. Für die SMPS Messung müssen die Partikel erst Schläuche passieren bevor sie nach ihrer Größe getrennt werden. Deshalb können die Partikel vor der Größenklassisierung agglomerieren. Das führt zu größeren Partikeldurchmessern und zu einer Änderung der Partikelform. Das kann zu Unterschieden in den Lorentzparmetern und somit in den optischen Daten führen.

Kapitel 7 Biphenyl

Biphenyl ($C_{12}H_{10}$) ist wie Phenanthren ein aromatischer Kohlenwasserstoff. Auch für diese Substanz sollen die optischen Daten aus dem gemessenem IR-Spektrum und der gemessenen Partikelgrößenverteilung und der Partikelform bestimmt werden. Die Struktur von Biphenyl ist in Abbildung 7.1 gezeigt. Es kommt in Erdgas, Erdöl und Steinkohlenteer vor und wird als Konservierungsmittel (E230), Schädlingsbekämpfungs-mittel und zur Herstellung von polychlorierten Biphenylen (PCB) u.a. Substanzen verwendet. Deshalb wird Biphenyl auch in atmosphärischen Aerosolpartikeln gefunden. Biphenyl ist kaum wasserlöslich, aber die Löslichkeit in überkritischem CO_2 ist relativ gut. Der Molenbruch für Biphenyl in $scCO_2$ beträgt 1.59×10^{-2} bei $T = 309$ K und $p = 358$ bar [81]. Biphenyl besitzt einen relativ hohen Dampfdruck (5×10^{-5} bar bei $T = 298$ K, [82]). Das könnte zu Problemen bei der Bestimmung der Partikelgröße führen, da es während der Messungen verdampfen und so die Partikelgröße verfälschen könnte.

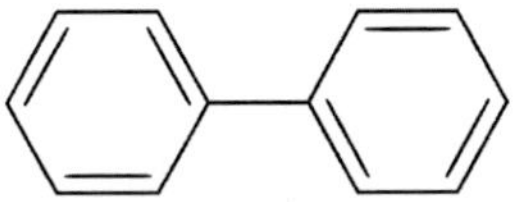

Abbildung 7.1 Struktur von Biphenyl

Deshalb wird im folgenden Kapitel die Partikelgrößen mit drei verschiedenen Methoden (SMPS, REM bzw. 3-WEM) bestimmt. Außerdem erfolgt eine Charakterisierung der Partikel mittels IR-Spektroskopie. Mit Hilfe von diesen Daten wird der komplexe Brechungsindex berechnet.

7.1 Charakterisierung der Partikel

In Abbildung 7.2 ist die Größenverteilung von Biphenyl dargestellt. Diese wurde mit dem SMPS 2 min nach Start der Expansion aufgenommen. Die Bedingungen für die Expansion sind $T_0 = 298$ K, $p_0 = 400$ bar und $d_{Düse} = 150$ μm. Die Messzeit beträgt 2 min. An die experimentelle Größenverteilung wurde eine Lognormalverteilung angepasst. Abbildung 7.2 zeigt, dass beide sehr gut übereinstimmen. Die Lognormalverteilung wird durch den geometrischen Mittelwert d_g, die geometrische Standardabweichung σ_g und die Anzahlkonzentration N charakterisiert (siehe Kapitel 2.5). Die angepassten Parameter für die Verteilung in Abbildung 7.2 sind:

$$d_g = 165 \text{ nm}, \sigma_g = 1.8, N = 5.4 \times 10^5 \text{ cm}^{-3}.$$

Die Parameter zeigen, dass die Partikel sehr klein sind. Bei Messungen 5,5 min bzw. 9 min nach der Expansion gibt es keine signifikanten Änderungen von d_g bzw. σ_g. Das deutet darauf hin dass die Partikel kaum agglomerieren bzw. koagulieren. Weiterhin wurde die Temperatur in der RESS-Apparatur variiert ($T_0 = 35°$C, $50°$C, $80°$C). Dabei zeigt sich keine Abhängigkeit der Partikelgröße von der Temperatur.

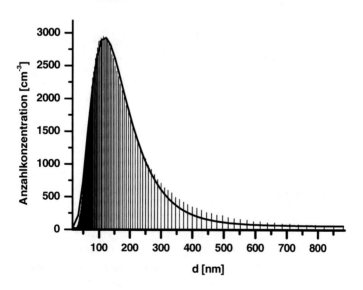

Abbildung 7.2 Größenverteilung von Biphenyl, aufgenommen mit dem SMPS.
Die experimentellen Verteilung entspricht den Säulen, der Fit (Lognormalverteilung) an die experimentellen Daten ist als Kurve dargestellt.

Um die Ergebnisse der SMPS-Messung zu überprüfen, wurden REM Messungen durchgeführt. In Abbildung 7.3 ist die Größenverteilung aus den REM Messungen als Säulen dargestellt. Dafür wurden insgesamt 807 Partikel aus 10 REM Bildern gezählt. Dabei zeigen die verwendeten REM Bilder einzelne, annähernd kugelförmig Partikel. Ein Beispiel der verwendeten REM Bilder ist in Abbildung 7.4 dargestellt. An diesen experimentellen Daten wurde wieder eine Lognormalverteilung angepasst, die in Abbildung 7.3 als Kurve dargestellt ist. Die Lognormalverteilung wird charakterisiert durch den geometrische Mittelwert ($d_g = 81$ nm) und die geometrische Standardabweichung ($\sigma_g = 1.9$). Im Vergleich zu der SMPS Messung sind die Partikeldurchmesser aus den REM-Bildern noch kleiner. Der plausibelste Grund dafür ist das Verdampfen der Biphenylpartikel aufgrund des vergleichsweise hohen Dampfdruckes. Während die SMPS Messungen 2 min nach der Expansion stattfinden, dauert die Probenahme für das REM wesentlich länger. Außerdem wird beim Beschichten der Probe (mit den Partikeln) mit Gold der Druck auf 4×10^{-2} mbar reduziert (siehe Kapitel 3.3.3). Das Verdampfen der Partikel ist auch an den schwarzen Löchern in Abbildung 7.4 zu erkennen. Sie zeigen die Stellen verdampfter Partikel.

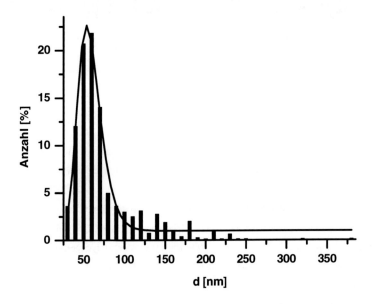

Abbildung 7.3 Größenverteilung von Biphenylpartikeln aus REM Messungen.
Die Verteilung wurde durch Zählen der Partikel in den REM Bildern bestimmt. Die Säulen stellen die experimentellen Daten und die Kurve den Fit (Lognormalverteilung) dar.

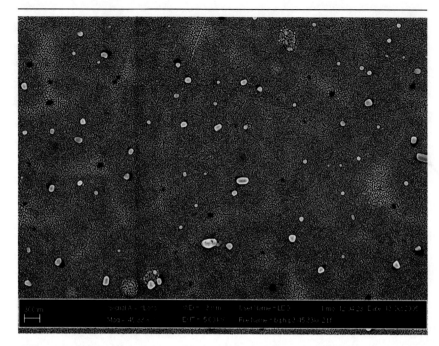

Abbildung 7.4 REM Bild von einzelnen Biphenylpartikel bei 45.33K- facher Vergrößerung.

Die dritte Möglichkeit die Partikelgröße zu bestimmen, ist mittels 3-WEM. Diese Methode findet im Gegensatz zu SMPS und REM in situ statt und besitzt eine hohe Zeitauflösung (siehe Kapitel 3.2.3). Die 3-WEM Messungen wurden zeitgleich zu den SMPS und IR Messungen aufgenommen (siehe Kapitel 3.3.2). In Abbildung 7.5 ist die aus den 3-WEM Messungen erhaltenden Mie-Ebene dargestellt. Für die Berechung der Mie-Ebene benötigt man den komplexen Brechungsindex für die drei verschiedenen Wellenlängen. Dabei wurde der Realteil des komplexen Brechungsindex für Biphenyl mit $n = 1.475$ [82] für alle drei verwendeten Wellenlängen angenommen. Der Imaginäre Teil des komplexen Brechungsindex m wurde vernachlässigt. Das ist eine gute Näherung, da diese Substanzen bei dieser Wellenlänge kaum absorbieren. In diese Mie-Ebene wurden die experimentellen Daten eingefügt. Aus der Mie Grafik erhält man folgende Charakteristika der Größeverteilung in Abhängigkeit von der Zeit:

- t_1 (2 min nach Expansion): *CMD* 850 nm; $\sigma \sim 1.5$
- t_2 (5.5 min nach Expansion): *CMD* 600 nm, $\sigma \sim 2.2$
- t_3 (9 min nach Expansion): *CMD* 250 nm, $\sigma \sim 2$

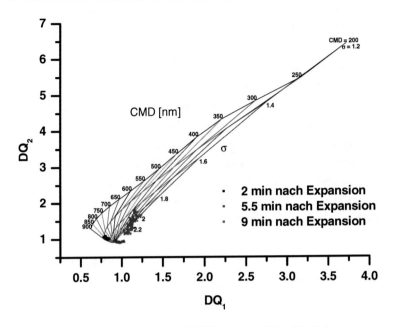

Abbildung 7.5 Mie-Ebene, erhalten aus der 3-WEM Messung von Biphenyl Partikeln.

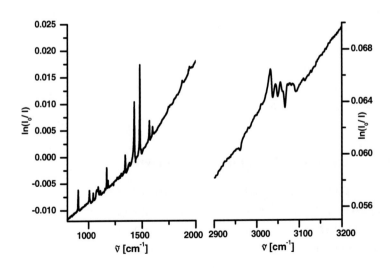

Abbildung 7.6 IR-Spektrum von Biphenylpartikeln in der Aerosolphase.

Diese Kenndaten zeigen, dass die mittlere Partikelgröße mit der Zeit deutlich abnimmt. Der Grund ist wiederum die Flüchtigkeit von Biphenyl. Es verdampft und damit nimmt die Partikelgröße von Biphenyl ab.

Beim Vergleich der Daten mit den SMPS und REM erkennt man, dass die mittlere Partikelgröße wesentlich größer ist als für die anderen beiden Methoden. Bei SMPS und REM verdampft Biphenyl bei der Probenahme. Deshalb misst man mit diesen beiden Methoden wesentlich kleinere Partikel. Auch das IR-Spektrum in Abbildung 7.6, das zeitgleich mit 3-WEM aufgenommen wurde, zeigt einen starken Anstieg der Basislinie zu größeren Wellenzahlen hin. Das zeigt wiederum, dass die Partikel direkt nach der Bildung vergleichsweise groß sein müssen. Somit decken sich die Ergebnisse von 3-WEM und IR-Spektroskopie. Der Grund dafür ist, dass die Messungen von 3-WEM und IR-Spektroskopie zur selben Zeit und am selben Ort stattfinden. Das IR-Spektum zeigt außerdem gut aufgelöste, schmale Banden.

Um den Brechungsindex zu bestimmen, muss neben dem CMD und σ auch die Anzahlkonzentration N bekannt sein. Diese lässt sich aus dem Lambert Beerschen Gesetz berechnen (Gleichung (2.6)- (2.8)). Die Anzahlkonzentration wird dabei aus den experimentellen Extinktionen für alle drei Wellenlängen berechnet. Da der Brechungsindex aus den Daten zum Zeitpunkt t_1 bestimmt wird, müssen die Extinktion und der Extinktionsquerschnitt für ein Aerosol mit $CMD = 850$ nm und $\sigma = 1.5$ ermittelt werden [41]. Da die Aerosolpartikel statisch in der gesamten Expansionskammer verteilt sind, entspricht die optische Weglänge dem Abstand vom Eintritts- zum Austrittsfenster der Laser. Sie beträgt $l = 29.8$ cm. Die gemittelte Anzahlkonzentration beträgt $N = 3.3 \times 10^5$ cm^{-3}.

Mit dem IR-Spektrum, dem Wissen, dass die Partikel kugelförmig sind, und den Kenndaten der Größenverteilung aus den 3-WEM Messungen lässt sich der komplexe Brechungsindex mit der Mie-Theorie bestimmen.

7.2 Brechungsindexdaten für Biphenylpartikel

Mit dem IR-Spektrum aus Abbildung 7.6, den Parametern der Größenverteilung aus der 3-WEM Messung (CMD, σ, N) und dem Wissen, dass die Partikel kugelförmig sind, soll der komplexe Brechungsindex im Bereich von 800 cm^{-1} bis 3200 cm^{-1} für Biphenylpartikel mit dem Lorentz Modell (Kapitel 2.8) und der Mie-Theorie (Kapitel 2.7) bestimmt werden. Die genaue Vorgehensweise zur Berechnung wurde bereits in Kapitel 6.3 beschrieben.

Tabelle 7.1 Angepasste Lorentzparameter von Biphenylpartikeln.

$$\varepsilon_e = 4.70$$

$\nu_S \, [\text{cm}^{-1}]$	$f_s \cdot 10^4$	$\gamma_s \, [\text{cm}^{-1}]$
904.013	59.9707	6.36542
1007.21	31.3666	5.85005
1042.08	9.78691	4.08655
1076.55	22.6753	11.8894
1091.59	23.5157	7.52433
1111.84	9.7899	5.1149
1155.63	1.28356	1.95903
1170.27	27.7351	4.26274
1182.43	4.3989	2.31214
1344.06	23.3593	7.34186
1428.8	94.309	9.06978
1480.56	91.5068	5.50216
1490.92	0.55648	3.03192
1569.57	15.4209	5.53722
1599.41	6.17504	5.27774
1747.93	3.82717	10.8779
1762.53	0.90762	7.16343
1877.06	3.74997	9.49896
1933.48	0.50528	2.72581
1942.63	2.01372	7.08503
1949.9	5.58611	14.836
1965.8	2.2612	13.8448
3034.69	2.04994	3.92821
3046.54	0.97566	4.93213
3057.41	0.88214	4.37942
3062.58	1.33176	5.86692
3073.91	0.20865	2.96715
3080.22	0.6742	6.75292
3088.36	1.70367	8.97737
3111.79	0.53891	8.85299

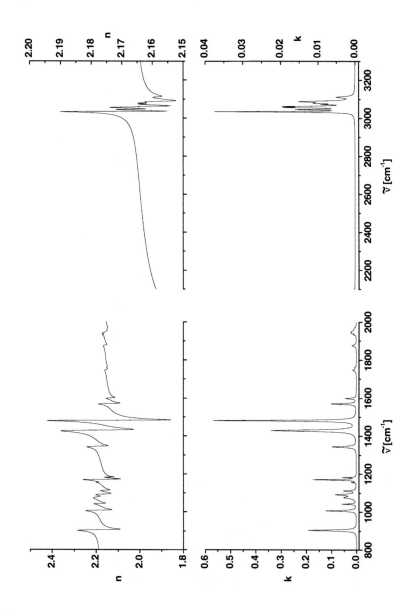

Abbildung 7.7 Komplexer Brechungsindex von Biphenylpartikeln im Bereich von 800 cm⁻¹ bis 3300 cm⁻¹.
Der obere Teil zeigt der Realteil *n* und der untere den Imaginärteil *k*.

Dabei müssen die Lorentzparameter so angepasst werden, dass das erhaltende Spektrum mit dem experimentellen Spektrum gut übereinstimmt. Die Lorentzparameter sind die Resonanzfrequenz ν_s, die Oszillatorenstärke f_s, die Dämpfungsbreite γ_s und der Offset ε_e. In Tabelle 7.1 sind die berechneten Lorentzparameter dargestellt. Die Gesamtanzahl der hier verwendeten Oszillatoren beträgt 30. Der Offset der dieelektrischen Funktion entspricht dem gesamten elektronischen Beitrag der dielektrischen Funktion und bestimmt die Steigung der Basislinie im berechneten Spektrum zu höheren Wellenlängen hin. Der Wert des Offsets $\varepsilon_e = 4.7$ scheint fehlerbehaftet zu sein. Das zeigt sich einerseits durch die schlechte Deckung des Anstieges der Basislinie aus dem berechneten Spektrum mit dem Anstieg der Basislinie aus dem experimentellen Spektrum. Außerdem gilt $\varepsilon_e = n^2$, das heißt der Wert von $\varepsilon_e = 4.7$ sollte etwa dem Quadrat des Realteils des komplexen Brechungsindexes aus dem elektronischen Beitrag entsprechen. In der Literatur wird für Biphenyl ein Wert von $n = 1.475$ angegeben. Nach Quadrieren wären das 2.28. Das zeigt, das ε_e etwa um die Hälfte kleiner sein müsste.

Aus diesen Lorentzparametern lässt sich der komplexe Brechungsindex mit dem Realteil n und dem imaginären Teil k berechnen. Dieser ist in Abbildung 7.7 dargestellt. Im Gegensatz zu Phenanthren wird das Gebiet unter 2000 cm^{-1} nicht von starken Absorptionen dominiert. Die reduzierte Oszillationsstärke nimmt für alle Absorptionen geringe Werte an. In diesem Bereich sind die einzelnen Übergänge gut aufgelöst. Die Übergänge im Bereich der CH-Streckschwingungen überlappen dagegen.

Die Lorentzparameter und der komplexe Brechungsindex wurden nicht mehrmals für unterschiedliche Messungen bestimmt. Deshalb ist keine Fehlerdiskussion möglich. Aufgrund der Flüchtigkeit von Biphenyl konnten hier nicht die Größenparameter aus der SMPS Messung verwendet werden. Deshalb wurden die Parameter aus der 3-WEM Messung verwendet. Diese liefert aber nur eine grobe Abschätzung der Partikelgröße, da sehr viele Annahmen gemacht werden müssen (siehe Kapitel 3.2.3 und [41]). Deshalb kann der hier bestimmte Brechungsindex nur als grobe Orientierung dienen.

Kapitel 8 Polymilchsäure

Polymilchsäure (englisch: polylactic acid = PLA) ist ein biologisch abbaubares Polymer. Deshalb wird es für Implantate im Knochen und zur kontrollierten Zufuhr von Medikamenten verwendet [23]. PLA wird in dieser Arbeit zum Beschichten von Wirkstoffpartikeln verwendet (Kapitel 9 und Kapitel 10). Deshalb werden in diesem Kapitel zuerst die Eigenschaften von reinem PLA untersucht. Die Struktur ist in Abbildung 8.1 dargestellt. PLA kann in der L-, D- Konformation oder als Copolymer (DL-PLA) vorliegen. L-PLA ist kristallin und DL-PLA, wie die meisten Copolymere, amorph [83]. Die Löslichkeit von L-PLA in überkritischem CO_2 hängt von der Kettenlänge ab und bewegt sich zwischen 0.01 bis 0.07 wt% bei Temperaturen von 318, 328 und 338 K und bei Drücken zwischen 150 und 300 bar [84]. Die Löslichkeit von DL-PLA in überkritischem CO_2 ist in der gleichen Größenordnung wie L-PLA [23].

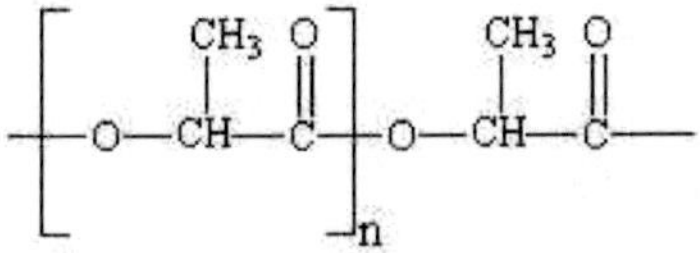

Abbildung 8.1 Struktur von Polymilchsäure

In den folgenden Abschnitten wird die Größe und Form sowie das Infrarotspektrum von reinen PLA-Partikeln (L-PLA, DL-PLA) diskutiert. In den nachfolgenden Kapiteln sind Daten der Beschichtung pharmazeutischer Substanzen mit DL-PLA dargestellt. Diese Daten werden mit denen von reinem DL-PLA verglichen.

8.1 Partikelgröße und –form

In Abbildung 8.2 ist die Größenverteilung von DL-PLA dargestellt, die mit dem SMPS 2 min nach Start der Expansion aufgenommen wurde. Die Dauer der Messzeit beträgt 2 min. Die Bedingungen für die Expansion mittels RESS sind $T_0 = 298$ K, $p_0 = 400$ bar und $d_{Düse} = 150$ µm. An die experimentellen Daten aus Abbildung 8.2 wurde eine Lognormalverteilung angepasst. Der Fit stimmt gut mit den experimentellen Daten überein. Die Lognormalverteilung wird durch d_g (geometrischer Mittelwert), σ_g (geometrische Standardabweichung) und N (gesamte Anzahlkonzentration) charakterisiert. Die Parameter sind:

$$d_g = 403 \text{ nm}, \sigma_g = 1.65, N = 1.8 \times 10^7 \text{ cm}^{-3}.$$

Weitere Messungen mit dem SMPS 5.5 min und 9 min nach der Expansion zeigen, dass der *CMD* geringfügig um etwa 50 nm zunimmt und σ_g annähernd konstant bleibt. Diese Zunahme des *CMD* ist wahrscheinlich auf eine geringe Agglomeration zurückzuführen. Mit dem SMPS können nur Verteilungen mit Durchmessern bis zu 900 nm gemessen werden. Deshalb kann ein weiteres Maximum bei größeren Durchmessern nicht ausgeschlossen werden. Um die Richtigkeit der Verteilung zu überprüfen, wurden 3-WEM und REM-Messungen durchgeführt.

Das Ergebnis der 3-WEM Messung ist in Abbildung 8.3 dargestellt. Mittels *DQ1* und *DQ2* wird ein Gitter mit den theoretischen *CMD* und σ (Mie-Ebene) erstellt. Die experimentellen Daten werden in dieses Gitter eingetragen und ihre *CMD*- und σ-Werte daraus abgelesen (Kapitel 2.6). Für die Berechnung der Mie-Ebene wurde ein Brechungsindex von 1.6 für alle drei Wellenlängen angenommen. Gleichzeitig mit den Messungen wurden auch die Messungen mit dem SMPS aufgenommen. Daraus ergeben sich drei Messungen mit 2 min Dauer und 1.5 min Pause zwischen den einzelnen Messungen. Die erste Messung wurde 2 min nach Beginn der Expansion gestartet. Die mittleren Durchmesser und Standardabweichungen für die verschiedenen Zeiten sind:

Tabelle 8.1 *CMD* (Count Median Diameter) und σ (Standardabweichung), bestimmt für verschiedene Zeiten nach Beginn der Expansion aus der 3-WEM Messung (Abbildung 8.3)

	CMD	σ
Zeit 1 (Start: 2 min)	100	1.1
Zeit 2 (Start: 5.5 min)	350	1.5
Zeit 3 (Start: 9 min)	400	1.4

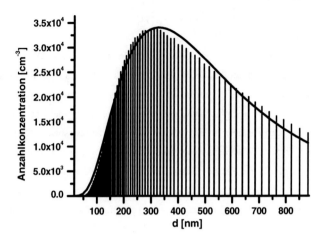

Abbildung 8.2: Größenverteilung von DL-PLA-Partikeln aufgenommen mit SMPS.
Die Kurve zeigt den Fit (Lognormalverteilung) an die gemessene Verteilung.

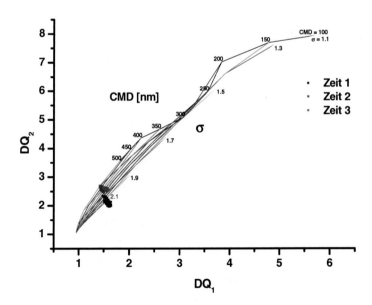

Abbildung 8.3 Größenbestimmung für DL-PLA Partikel mittels 3-WEM.

Mit den Dispersionskoeffizienten DQ_1 bzw. DQ_2 werden die Mie-Ebene und die experimentellen Daten dargestellt. Die Mie-Ebene stellt ein Gitter aus dem CMD und σ dar (siehe Kapitel 2.6).

Wie schon in Kapitel 2.6 erwähnt, liefert die 3-WEM Methode nur eine grobe Abschätzung der Partikelgrößen. Das liegt daran, dass es erstens keinerlei Daten über den Brechungsindex von PLA gibt, zweitens man von kugelförmigen Partikeln ausgeht (siehe weiter unten) und drittens, dass die Mie-Ebene nur ein grobes Gitter darstellt. Beim Vergleich der Daten der 3-WEM Messung mit den Daten aus der SMPS Messung erkennt man, dass sowohl CMD, als auch σ kleiner sind als für die SMPS- Messungen. Trotzdem kann man sagen, dass die grobe Dimension und der Trend für beide Methoden übereinstimmen. Die Zunahme vom CMD ist auf Agglomerationen in der Aerosolphase mit der Zeit zurückzuführen.

Die dritte Methode zur Bestimmung der Partikelgröße von PLA sind REM-Messungen. Abbildung 8.4 zeigt die Größenverteilung, die man aus den REM-Messungen erhält. Dabei wurden die Partikel aus mehreren REM Bilder (Vergrößerung: zwischen 7000 und 26000 fach) gezählt. Die REM Bilder zeigen einzelne Partikel mit annähernd sphärischer Form. Daneben sind Agglomerationen von einzelnen Partikeln zu erkennen. Diese besitzen keine sphärische, sondern eine irreguläre Form. Zum Teil bilden sich Ketten aus. Diese Ketten können mehrere Mikrometer lang sein. Ein Beispiel für die REM-Bilder ist in Abbildung 8.5 dargestellt. Die Größenverteilung aus den REM-Bildern ist weniger detailliert als die Verteilung aus dem SMPS. Trotzdem bestätigt diese den Trend aus Abbildung 8.2. Der Modalwert der Größenverteilung aus den REM-Messungen liegt bei 450 nm.

Unter den gleichen Bedingungen wie für DL-PLA wurde die Größenverteilung in Abbildung 8.6 für L-PLA aufgenommen (T_0 =298 K, p_0 = 400 bar, $d_{Düse}$ = 150 µm). Die experimentellen Daten können wiederum gut durch eine Lognormalverteilung reproduziert werden. Die Parameter der Lognormalverteilung für L-PLA aus Abbildung 8.6 sind:

$$d_g = 361 \text{ nm}, \ \sigma_g = 1.62, \ N = 5.3 \times 10^6 \text{ cm}^{-3}.$$

Vergleicht man diese Parameter mit denen von DL-PLA, so erkennt man, dass die Gesamtkonzentration von L-PLA wesentlich kleiner ist als die von DL-PLA. Das zeigt, dass sich L-PLA wesentlich schlechter in überkritischem CO_2 gelöst hat als DL-PLA. Das würde [23] widersprechen, die ähnliches Lösungsverhalten der beiden Substanzen beobachtet haben, jedoch bei anderen Bedingungen. Ein Grund für das schlechte Lösungsverhalten könnte die Extraktionszeit sein. In [23] wird gezeigt, dass die Löslichkeit von L-PLA in $scCO_2$ zwischen 40-60 min zunimmt. Allerdings wurden unsere Experimente erst nach einigen Tagen Extraktionszeit gestartet. Damit kann dieser Grund ausgeschlossen werden.

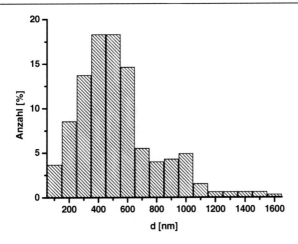

Abbildung 8.4: Größenverteilung von DL-PLA Partikeln aus REM Messungen.
Auf der Ordinate ist die Anzahl der Partikel pro Größenintervall in % und auf der Abszisse ist der
Partikeldurchmesser (Intervall: 100 nm) aufgetragen.

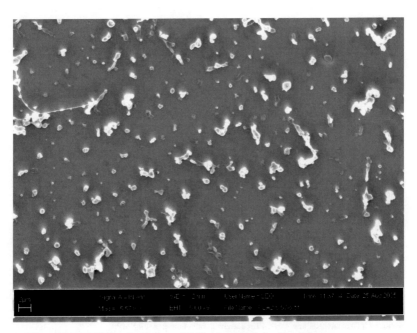

Abbildung 8.5 REM Bild von Partikeln von DL-PLA bei 5570 facher Vergrößerung.

Ein zweiter Grund wäre der Kristallinitätsgrad. In [83] wird erwähnt, dass DL-PLA amorph und L-PLA semikristallin vorliegt. Da für das Aufbrechen der Bindungen zwischen den einzelnen PLA Molekülen in amorphen Substanzen weniger Energie nötig ist als in kristallinen, lösen sich amorphe Substanzen besser als kristalline. Das könnte die wesentlich schlechtere Löslichkeit von L-PLA gegenüber DL-PLA erklären. Eine weitere Möglichkeit sind die unterschiedlichen Kettenlängen der verwendeten Polymere. Im Vergleich zu [23] wurden hier Polymere mit längeren Ketten verwendet. Dadurch verringert sich die Löslichkeit im überkritischen CO_2. Ein letzter Grund könnte sein, dass hier im unterkritischen Bereich gearbeitet wurde, von dem keine Löslichkeitsdaten existieren. Debenedetti *et al.* [23] führte die Löslichkeitexperimente bei Temperaturen zwischen 318 und 338 K und bei Drücken zwischen 150 und 300 bar durch. Die aus der geringeren Löslichkeit resultierende geringere Gesamtkonzentration von L-PLA führt zur geringeren Agglomeration. Wenn die Partikel weniger agglomerieren, nimmt auch die mittlere Größe der Partikel ab. Das würde den etwas geringeren geometrischen Mittelwert erklären. Die Standardabweichung von L-PLA entspricht annähernd der von DL-PLA.

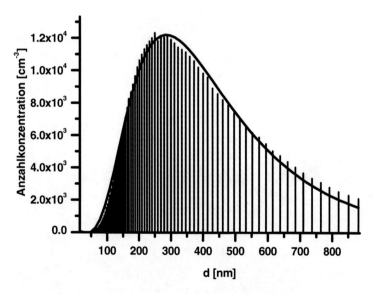

Abbildung 8.6 Größenverteilung von L-PLA-Partikel, aufgenommen mit SMPS.
Die Kurve stellt den Fit (Lognormalverteilung) an die gemessene Verteilung dar.

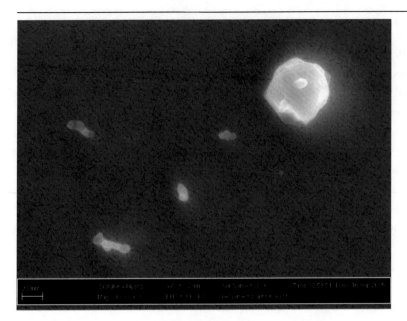

Abbildung 8.7 REM Bild von L-PLA-Partikeln bei 66.6 × 10³ facher Vergrößerung.

Ein REM-Bild von L-PLA ist in Abbildung 8.7 dargestellt. Man beachte, dass die Vergrößerung in Abbildung 8.7 größer ist als in Abbildung 8.5 Man sieht für die kleineren Teilchen, dass die Primärpartikel kugelförmig sind und dass diese zu länglichen Teilchen agglomerieren. Obwohl die Ergebnisse für die Partikelgröße von DL-PLA und L-PLA mit den verschiedenen Methoden gleich sind, entsprechen die Ergebnisse nicht denen früherer Arbeiten von Debenedetti *et al.* [23, 84]. Diese Gruppe fand irregular geformte DL-PLA Partikel mit 10-20 μm Durchmesser, nadelförmige regulär geformte L-PLA Partikeln mit 4-10 μm Durchmessern nach kurzer Extraktionszeit und kugelförmige, irregular geformte L-PLA Partikel mit 10-120 μm Durchmesser nach langer Extraktionszeit. Die Partikelgrößen und – formen wurden mit optischen Mikroskopen und REM mit geringer Vergrößerung gemessen. Die REM-Bilder in den früheren Arbeiten zeigen eine z.T. wesentlich dichtere Bedeckung des Probenhalters mit Partikeln als in dieser Arbeit. Allerdings zeigen die REM-Bilder der vorliegenden Arbeit auch, dass Partikel mit Größen von mehreren Mikrometer agglomerierte, kugelförmige Primärpartikel sind. Deshalb könnte der Grund für die Unterschiede in der Partikelgröße und –form die dichte Bedeckung des Probenhalters und die geringe Vergrößerung der Mikroskope sein.

8.2 IR-Spektrum von PLA

In Abbildung 8.8 sind die IR- Spektren von L-PLA (oberer Teil) und DL-PLA (unterer Teil) dargestellt. Diese wurden in situ in der Aerosolphase nach der Expansion aufgenommen. Die Bedingungen für die Expansion sind T_0 = 298 K, p_0 = 400 bar und $d_{Düse}$ = 150 µm. Aufgrund des unterschiedlichen Kristallinitätsgrades der beiden Substanzen wurden Unterschiede in den Bandenbreiten in den Spektren erwartet. Im Vergleich zum kristallinen DL-PLA sollten die Banden des amorphen L-PLA breiter sein. Bei Betrachtung der Spektren in Abbildung 8.8 erkennt man keine Unterschiede zwischen den Spektren von L-PLA und DL-PLA bei höheren Wellenzahlen. Die Unterschiede bei der Bande um 1078 cm^{-1} resultieren aus Überlagerungen von gasförmigen CO_2. Vergleicht man das Spektrum von L-PLA (oberer Teil Abbildung 8.1 Abbildung 8.8) mit Spektren in [85], so erkennt man, dass für kristallines (bzw. semikristallines) L-PLA die Bandenpositionen identisch mit denen für amorphes L-PLA sind. Der einzige Unterschied im IR-Spektrum zwischen amorphen und kristallinen L-PLA ist, dass kristallines L-PLA eine schwache Bande bei 921 cm^{-1} (Kopplung der CC Streckschwingung mit der CH_3 rocking Bande) besitzt. Diese Bande kommt bei amorphen L-PLA nicht vor.

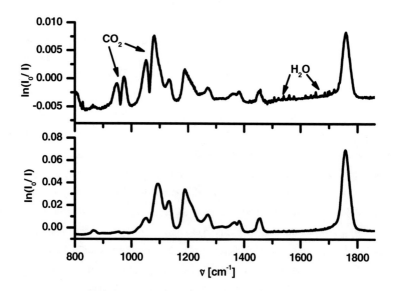

Abbildung 8.8 IR- Spektren von L-PLA (oberer Teil) und DL-PLA (unterer Teil).
Die Partikelspektren wurden nach der Expansion in situ in der Expansionskammer aufgenommen.

Das Problem ist aber, dass genau in diesem Bereich CO_2, was als Lösungsmittel benötigt wird, ebenfalls eine Bande besitzt und somit die eventuell vorhandene Bande überlagert. Um Aufschluss darüber zu bekommen, ob L-PLA nach dem RESS weiterhin kristallin vorliegt, müsste man Röntgendiffraktogramm von der expandierten Probe aufnehmen.

Die Carbonylbande aus dem Spektrum von DL-PLA wird verwendet, um grob abzuschätzen wie viel DL-PLA im Vergleich zu den pharmazeutischen Substanzen pro Probe expandiert wird.

Kapitel 9 Phytosterol

Phytosterole sind pflanzliche Steroide, die nur eine funktionelle Gruppe besitzen (eine Hydroxylgruppe am C3-Atom), im Allgemeinen 27-30 Kohlenstoffatome und eine Doppelbindung zwischen der 5. und 6. Position der Kohlenstoffe besitzen [86]. Beispiele für Phytosterole sind Ergosterol, Campesterol, Stigmasterol, Sitosterol und β-Sitosterol. Das in dieser Arbeit verwendete Phytosterol besteht aus 85 % β-Sitosterol, 10 % Stigmasterol und 5 % Campesterol. Diese Substanzen sind in Abbildung 9.1 dargestellt.

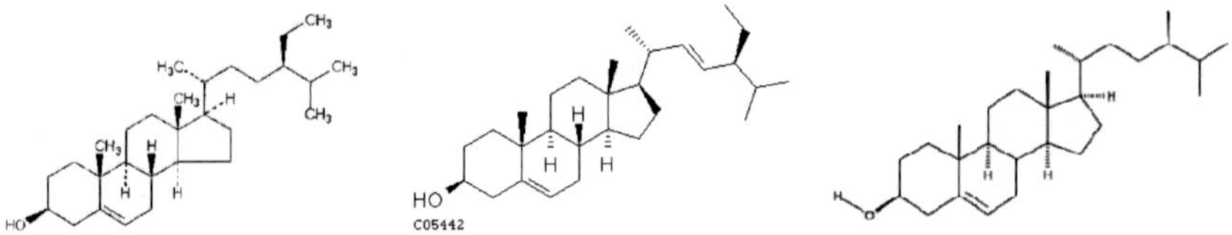

Abbildung 9.1 Strukturen von den Phytosterolen ß-Sitosterol, Stigmasterol und Campesterol.

Phytosterole werden in der Nahrungsmittelindustrie zur Senkung des Cholesterolgehaltes im menschlichen Blut [36], in der Hautkosmetik und Haarpflege aufgrund ihrer pflegenden, schützenden und entzündungshemmenden Wirkung eingesetzt [86]. Dabei wurde festgestellt, dass die Wirkung abhängig ist von der Eindringgeschwindigkeit in die Haut. Diese wird verbessert, wenn Substanzen Partikelgrößen zwischen 50 und 150 nm besitzen [86]. Mit der RESS-Methode und CO_2 als Lösungsmittel können Partikel dieser Größenordnung hergestellt werden. Dazu muss sich die Substanz gut in überkritischen CO_2 lösen. Die Löslichkeit von Phytosterol in überkritischen CO_2 ist temperaturunabhängig. Der Molenbruch beträgt 1.5×10^{-4} bei einem Druck von $p = 300$ bar [34]. Ein zweiter wichtiger Punkt für die Herstellung von Partikeln mit 50-150 nm Durchmesser ist die starke Agglomeration von

Primärpartikeln. Dies möchte man natürlich vermeiden, da so die Oberfläche wieder reduziert wird. Türk *et al.* konnte diese durch Expansion von Phytosterol in eine wässrige Lösung [36] bzw. durch Beschichten von Phytosterolpartikeln mit Eudragit [80, 87] und L-PLA [88] erreichen. In dieser Arbeit sollte die Agglomeration durch Umhüllen von Phytosterolpartikeln mit DL-PLA reduziert werden.

In diesem Kapitel wird zu zuerst die Partikelgröße und –form sowie das Infrarotspektrum von reinen Phytosterolpartikeln diskutiert. Anschließend werden die Ergebnisse, von den Versuchen Phytosterol mit DL-PLA zu umhüllen, dargestellt.

9.1 Charakterisierung von reinen Phytosterolpartikeln

In Abbildung 9.2 ist die Anzahlgrößenverteilung von Phytosterolpartikeln, die mit dem SMPS aufgenommen wurde, dargestellt. Die Expansionsbedingungen in der RESS-Apparatur waren $T_0 = 298$ K, $p_0 = 400$ bar und $d_{\text{Düse}} = 150$ µm. An die experimentelle Größenverteilung wurde eine Lognormalverteilung angepasst. Der Fit stimmt gut mit der experimentellen Größenverteilung überein. Die Parameter d_g (geometrischer Mittelwert), σ_g (geometrische Standardabweichung) und N (Gesamtanzahlkonzentration) haben folgende Werte:

$$dg = 438 \text{ nm}; \ \sigma_g = 1.57; \ N = 6.9 \times 10^7 \text{ cm}^{-3}$$

Die dargestellte Messung wurde 2 min nach dem Beginn der Expansion gestartet und dauerte 2 min. Bei weiteren Messungen 5.5 bzw. 9 min nach der Expansion stieg d_g auf 487 bzw. 501 nm an, σ_g bleibt annähernd konstant. Das deutet auf leichte Agglomeration der Partikeln hin. Da mit dem SMPS nur bis zu Durchmessern von 900 nm gemessen werden kann, kann nicht ausgeschlossen werden, dass ein zweites Maximum bei Durchmessern über 900 nm existiert. Um dies zu überprüfen, wurden REM-Messungen durchgeführt. Die dazugehörigen REM-Bilder sind in Abbildung 9.3 bzw. Abbildung 9.4 dargestellt. Diese zeigen kettenartige, verzweigte Partikel von mehreren Mikrometern Länge. Bei höherer Vergrößerung sieht man, dass diese Ketten aus annähernd kugelförmigen Primärpartikeln bestehen. Die Größe dieser Primärpartikel variiert von 120 bis 240 nm. Ein ähnliches Ergebnis wurde bereits von Türk et al. [34, 89] für die Partikelgröße von Phytosterolpartikeln. Diese Arbeiten charakterisierten die Partikelgrößen mit 3-WEM und REM. Die Partikelgrößen lagen in diesen Arbeiten zwischen 166 nm und 219 nm. Die REM Bilder in Abbildung 9.3 bzw. Abbildung 9.4 deuten darauf hin, dass die mit dem SMPS gemessenen Partikel bereits stark agglomeriert vorlagen. Dadurch wurde das Ergebnis der SMPS-Messungen verfälscht.

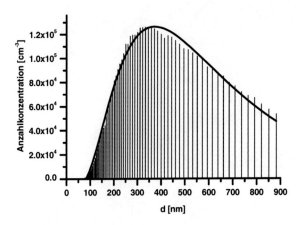

Abbildung 9.2 Anzahlgrößenverteilung von Phytosterolpartikeln.
Diese wurde online mit dem SMPS 2 min nach Start der Expansion aufgenommen. Die Säulen stellen die experimentelle Größenverteilung dar, die Kurve entspricht dem Fit (Lognormalverteilung) an die gemessene Verteilung.

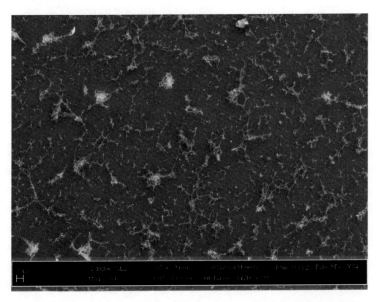

Abbildung 9.3 REM Bild von agglomerierten Phytosterolpartikeln bei 500- facher Vergrößerung.

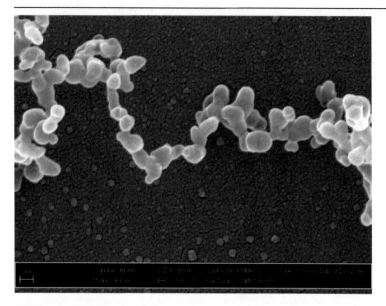

Abbildung 9.4 REM Bild von agglomerierten Phytosterolpartikeln bei 100.000-fache Vergrößerung.

Eine interessante Frage ist, wo genau diese Agglomeration stattfindet. Es gibt 3 Möglichkeiten. Die Agglomeration kann an der Machscheibe, nach der Machscheibe, wenn die Expansion beendet ist und CO_2 gasförmig vorliegt, oder während der Probenahme für das REM bzw. für das SMPS stattfinden. Für Partikelgrößenbestimmungen in der Expansion oder direkt nach der Expansion in der Expansionskammer kann grundsätzlich die 3-WEM Methode bzw. FTIR Spektroskopie verwendet werden. In der Region der Machscheibe treten allerdings sehr starke Dichteschwankungen auf. Diese werden neben der Streuung der Partikel ebenfalls durch 3-WEM detektiert. Deshalb werden die Ergebnisse der Größenverteilung hier verfälscht und können nicht verwendet werden. Nach der Expansion (also auch hinter der Machscheibe) und damit nach der Verdampfung des CO_2 zeigt die 3-WEM Messung, dass der Durchmesser der Partikeln kleiner als 150 nm ($\sigma \sim 1.8$) ist. Das entspricht in etwa dem Durchmesser der Primärpartikel aus den REM-Messungen. Die Partikel agglomerieren also nicht vor oder in der Machscheibe. Weiterhin konnte beobachtet werden, dass die Signale von 3-WEM und FTIR-Spektrometrie nach der Partikelbildung über mehr als 10 min annähernd konstant bleiben. Das Transmissionssignal der 3-WEM Messung in Abhängigkeit der Zeit ist in Abbildung 9.5 dargestellt. Für andere Substanzen wie Phenanthren (siehe Kapitel 6) wurde ein Anstieg des Transmissionssignals mit der Zeit aufgrund des Absinkens der Partikel beobachtet [41]. Dabei sollten größere Partikel nach dem Stokes-Gesetz eine höhere Sinkgeschwindigkeit besitzen. Das scheint für Phytosterol im beobachteten Zeitraum nicht der Fall zu sein. Deshalb kann davon ausgegangen werden, dass die Partikel nicht in der Expansionskammer als statische Aerosolpartikel agglomerieren. Das gleiche Ergebnis liefern die IR-Spektren der Phytosterolpartikel, die nach dem Ende der Expansion aufgenommen wurden. Das Spektrum ist in Abbildung 9.6 dargestellt. Die v_3-Bande von CO_2 wurde herausgeschnitten. Der Anstieg der Basislinie zu höheren Wellenzahlen ist für mehr als 10 min konstant. Größere Partikel sollten wiederum wegen der höheren Sinkgeschwindigkeit nach einiger Zeit nicht mehr detektiert werden. Dadurch sollte die Streuung der Partikel geringer werden und der Anstieg der Basislinie sollte mit der Zeit abnehmen. Zusammenfassend kann man sagen, dass die Agglomeration der Phytosterolpartikel zu Ketten nicht an der Machscheibe und nicht nach Expansion in der Aerosolphase stattfindet. Die Partikel agglomerieren erst bei der Probenahme für das REM. Um diese Agglomeration zu verhindern, sollte Phytosterol mit DL-PLA umhüllt werden. Die Ergebnisse werden im nächsten Kapitel beschrieben.

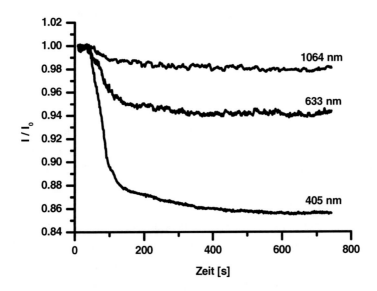

Abbildung 9.5 Transmissionssignal in Abhängigkeit von der Zeit für Phytosterolpartikel, aufgenommen nach der Expansion.

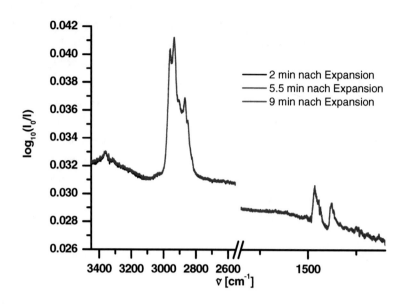

Abbildung 9.6 Infrarotspektren von Phytosterolpartikel, aufgenommen bei verschiedenen Zeiten nach Ende der Expansion

9.2 Beschichtung von Phytosterolpartikel

Um die Agglomeration von Phytosterolpartikeln zu reduzieren, sollen diese von DL-PLA umhüllt werden. Türk [87, 88] konnte bereits die Agglomeration von Phytosterol mit Eudragit und L-PLA reduzieren. In dieser Arbeit wurden Phytosterol und DL-PLA gemischt, gemeinsam in den Extraktor von RESS-Apparatur 1 (siehe Kapitel 3.1.1) gefüllt und in überkritischem CO_2 gelöst. Die Expansion erfolgte bei den Temperaturen $T_0 = 298$ K, 323 K und 353 K und bei Drücken zwischen 100 bar und 400 bar. In Abbildung 9.7 c) ist das IR-Spektrum dieses System (Phytosterol/DL-PLA/CO_2) dargestellt. Zum Vergleich enthalten Abbildung 9.7 a) und b) nochmals die IR-Spektren von den reinen DL-PLA- und Phytosterolpartikeln. Die ν_3-Bande von CO_2 ist in den Spektren herausgeschnitten. In Abbildung 9.7 c) erkennt man deutlich die charakteristische Carboxylbande von DL-PLA bei 1757 cm^{-1} und die CH-Streckschwingungen von Phytosterol um 2900 cm^{-1}. Es kann davon ausgegangen weren, dass beide Substanzen sich gelöst haben und expandiert wurden.

Allerdings ist eine Aussage über die Konzentrationen der jeweiligen Substanzen aus den IR-Spektren nicht möglich. Als nächstes wurde untersucht, ob die Agglomeration der Phytosterolpartikel tatsächlich reduziert wurde. Dazu wurden REM-Messungen durchgeführt. Die dazugehörigen Bilder sind in Abbildung 9.8 bzw. Abbildung 9.9 dargestellt. Die Bilder zeigen, dass die Partikel vermutlich gemischt und stark agglomeriert vorliegen. Durch Vergleich der REM-Bilder mit denen von den reinen Substanzen (Abbildung 9.3 und Abbildung 9.4) erkennt man die kugelförmigen agglomerierten Phytosterolpartikel und eine zweite bulkartige Substanz, die DL-PLA sein könnte. Ein direkter Nachweis für diese Vermutung liefern die REM-Bilder jedoch nicht.

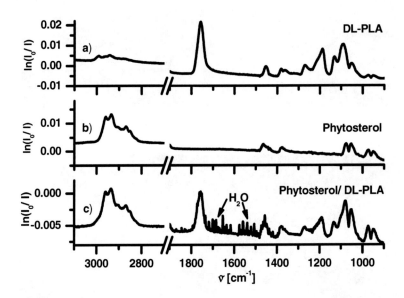

Abbildung 9.7 IR-Spektren von a) reinen DL-PLA- Partikeln, b) reinen Phytosterolpartikeln und c) gemischten Phytosterol / DL-PLA- Partikeln.

Beim Betrachten der REM-Bilder in Abbildung 9.8 bzw. Abbildung 9.9 stellt sich die Frage, unter welchen Bedingungen Phytosterolpartikel von DL-PLA beschichtet werden. Das Beschichten der Stoffe ist abhängig von der Löslichkeit der Substanzen in überkritischen CO_2.

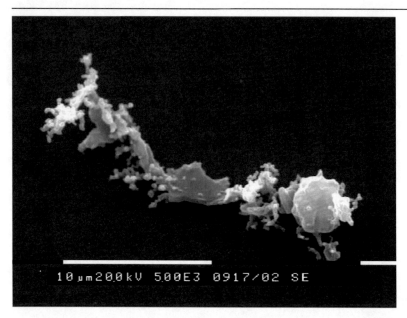

Abbildung 9.8 REM Bild bei 5000 facher Vergrößerung von gemischten Phytosterol-PLA Partikeln.

Abbildung 9.9 REM Bild bei 10 000 facher Vergrößerung von gemischten Phytosterol-PLA Partikeln.

Die Substanz mit der schlechteren Löslichkeit sollte zuerst ausfallen und als Kondensationskern für die zweite Substanz dienen, die sich um Erstere anlagern sollte. Die Löslichkeit ist wiederum abhängig von der Temperatur, dem Druck und der Konzentration. Da die Löslichkeit von DL-PLA geringer ist als Phytosterol, müsste theoretisch zuerst DL-PLA und anschließend Phytosterol ausfallen. Das ist für Anwendungen, in welchen man die pharmazeutische Substanz als Kern und das Polymer als Hülle haben möchte sehr ungünstig. Um das zu ändern, müsste die Löslichkeit von DL-PLA erhöht werden. Bei diesen Experimenten wurden die beiden Substanzen zusammen im gleichen Extraktor gelöst. Damit stellt sich bei einem bestimmten Druck und einer bestimmten Temperatur ein Gleichgewicht zwischen den einzelnen Substanzen ein, d.h. die Löslichkeit der einzelnen Substanzen kann nicht unabhängig eingestellt werden. Bei unterschiedlichen Bedingungen (Druck, Temperatur) konnten keine Unterschiede in den Intensitäten der Banden in den IR-Spektren festgestellt werden. Das zeigt, dass auch bei Variation der Bedingungen das Verhältnis der Substanzen Phytosterol/DL-PLA in der Lösung konstant bleibt. Somit kann mit dieser RESS-Apparatur die Löslichkeit der einzelnen Substanzen und damit das Verhältnis dieser in der Expansion nicht geregelt werden. Deshalb können auch die Bedingungen, die für das Beschichten nötig sind, nicht erreicht werden. Um dieses Problem zu lösen, wurde eine zweite RESS-Apparatur gebaut (siehe Kapitel 3.1.2), die zwei Extraktoren und Reservoirs enthält. Damit sollte es möglich sein, das Verhältnis der zu expandierenden Substanzen zu steuern. Die ersten Untersuchungen mit dieser zweiten Apparatur zum Beschichten wurden mit Ibuprofen und DL-PLA durchgeführt. Diese Ergebnisse sind im nächsten Kapitel dargestellt.

Kapitel 10 Ibuprofen

Ibuprofen (2-(4-Isobutyl-phenyl)-propionsäure) ist ein nichtsteroidales, chirales, entzündungshemmendes Arzneimittel [90]. Es hemmt die Cyclooxygenase (COX) Enzyme [91] und dient somit als Schmerzmittel gegen Arthritis, Fieber oder Menstruationsbeschwerden [90]. Ibuprofen liegt als Dimer vor. Die Strukturen der Dimere sind in Abbildung 10.1 bzw. Abbildung 10.2 dargestellt. Im Dimer sind die Säuregruppen von zwei Molekülen über Wasserstoffbrücken miteinander verbunden. Es kann in der reinen R-, reinen S-Form oder als Racemat vorkommen. Das S-Enantiomer besitzt eine höhere pharmakologische Aktivität als das R-Enantiomer und dieses wiederum kann zu einer gastrointestinalen Toxizität beitragen [92]. Allerdings kann die R-Form über einen komplexen Metabolismus im Menschen in das S-Enantiomer umgewandelt werden [92]. Thermodynamisch sind die Enantiomere gleich, aber das Racemat unterscheidet sich von den Enantiomeren. So beträgt z.b. die Schmelztemperatur für die Enantiomere $T_{m, S-Ibu} = 50.3$ °C und die für das Racemat $T_{m, RS-Ibu} = 74.0$ °C [93]. Auch strukturell gibt es große Unterschiede zwischen S-Ibuprofen und dem racemischem Ibuprofen. Während die zwei S-Ibuprofen Moleküle über zwei ungleiche Wasserstoffbrücken gebunden sind [94], bildet das Racemat ein Dimer mit zwei identischen Wasserstoffbrücken. Der Kristall des Racemats wird durch die Raumgruppe $P2_1/c$ charakterisiert [95].

Ibuprofen ist praktisch nicht wasserlöslich [96]. Durch Mikronisierung von Ibuprofen wird die Wasserlöslichkeit erhöht [97]. Kleine Partikel haben im Vergleich zum Festkörper ein stark erhöhtes Oberflächen zu Volumen Verhältnis. Dadurch steigt die Wirksamkeit des Arzneimittels. Die Mikronisierung von racemischen Ibuprofen mittels RESS wurde bereits in [89, 90, 97, 98] durchgeführt. In dieser Arbeit wurde neben dem racemischen Ibuprofen auch S-Ibuprofen mittels RESS untersucht. Die Löslichkeit in $scCO_2$ von racemischen Ibuprofen (Molenbruch: 10^{-5} bis 10^{-3} bei $T_0 = 35$-45 °C und $p_0 = 80$-220 bar) liegt um eine Größenordnung unter der von S-Ibuprofen (Molenbruch: 10^{-4} bis 10^{-2} bei gleichen

Bedingungen wie das racemische Ibuprofen) [90]. Grund für diesen Unterschied in der Löslichkeit ist der niedrigere Schmelzpunkt des Enantiomers. In [89] wird erwähnt, dass die Partikelgröße von Benzoesäure aufgrund seiner wesentlich besseren Löslichkeit in scCO$_2$ gegenüber anderen Substanzen stark von den Expansionsbedingungen abhängt.

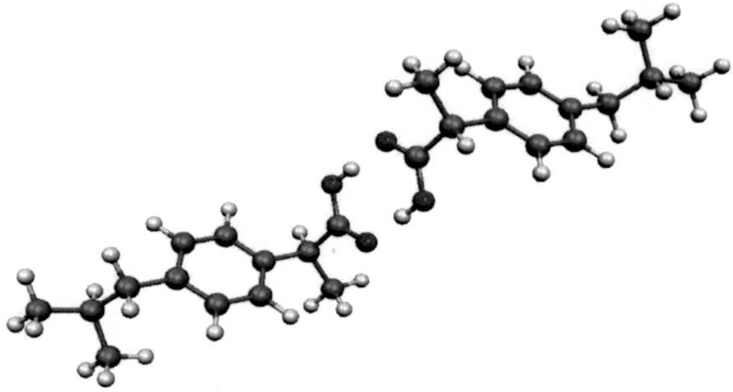

Abbildung 10.1 Struktur von RS-Ibuprofen Dimer

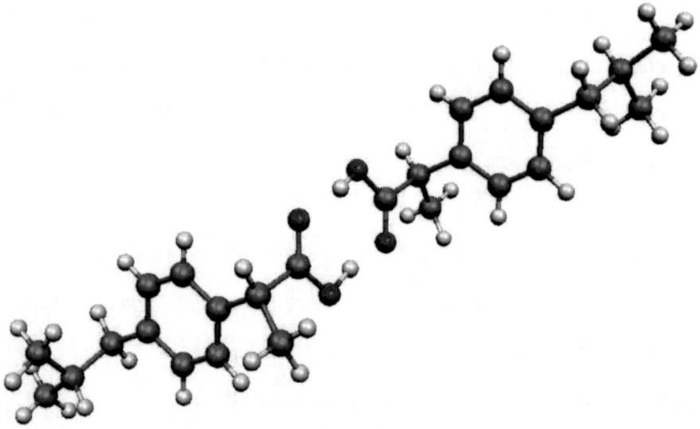

Abbildung 10.2 Struktur von S-Ibuprofen Dimer

Deshalb werden Partikelgröße und –form vom Racemat bzw. S-Ibuprofen mittels SMPS, 3-WEM und REM untersucht und miteinander verglichen. Außerdem werden Infrarotspektren von den Partikel in situ aufgenommen. Auftretende Unterschiede in den IR-Spektren zwischen dem Racemat und den Enantiomeren werden durch Pulverdiffraktometrie und quantenchemische Rechnungen erklärt. Da Ibuprofenpartikel wie auch Phytosterolpartikel

(Kapitel 9) stark agglomerieren, wurden Ibuprofenpartikel ebenfalls mit DL-PLA umhüllt. Von den beschichteten Partikeln wurde ebenfalls die Partikelgröße und -form mit SMPS und REM bestimmt. Zu jeder SMPS bzw. REM-Messung wurde ein IR-Spektrum aufgenommen.

10.1 Partikelgröße und –form von Ibuprofen

Die Abbildung 10.3 und Abbildung 10.4 zeigen die Größenverteilungen von Ibuprofenpartikeln 2 min bzw. 9 min nach Beginn der Expansion. Diese Verteilungen wurden mit dem SMPS aufgenommen. Die Bedingungen für die Expansion waren T_0 = 298 K, p_0 = 200 bar und $d_{Düse}$ = 150 µm. Die Messzeit der Verteilungen beträgt 2 min. Die Größenverteilung in Abbildung 10.3 besitzt 2 Maxima. Diese wurden einzeln angepasst. Für die Anpassung wurde eine Lognormalverteilung angenommen (siehe Kapitel 2.5). Die Abbildung 10.3 zeigt, dass experimentelle Daten und Fits gut übereinstimmen. Die Parameter für die Lognormalverteilungen sind für das erste Maximum $d_{g,1}$ = 66 nm, $\sigma_{g,1}$ = 1.2 bzw. für das zweite Maximum $d_{g,2}$ = 403 nm $\sigma_{g,2}$ = 1.7. Die gesamte Anzahlkonzentration beträgt N_{gesamt} = 1.17 × 10^7 cm^{-3}. Gründe für die bimodale Verteilung könnten kettenartige Agglomerationen oder stäbchenförmige Partikel sein. Misst man die Größenverteilung bei den gleichen Bedingungen einige Minuten später, so ist nur noch ein Maximum in der Verteilung vorhanden (Abbildung 10.4). Auch hier wurden die experimentellen Daten mit einer Lognormalverteilung angepasst, die wiederum die experimentellen Daten gut reproduziert. Die Parameter dieser Lognormalverteilung sind d_g = 136 nm; σ_g = 1.8; N = 1.43 × 10^6 cm^{-3}. Innerhalb einiger Minuten steigt d_g bzw. σ_g für das erste Maximum also an und das zweite Maximum wird nach dieser Zeit gar nicht mehr detektiert. Ein ähnliches Messergebnis wird für S-Ibuprofen gefunden. Auch für die Messung von S-Ibuprofen 2 min nach Start der Expansion existiert eine bimodale Verteilung. Bei späteren Messungen (5.5 min nach Start der Expansion oder später) wird wiederum kein zweites Maximum detektiert. Aus den Fits einer Lognormalverteilung an die Partikelgrößen von S-Ibuprofen wurden die Parameter d_g, σ_g und N bestimmt. Für die erste Messung (2 min nach erstem Puls der Expansion) beträgt $d_{g,\,Peak1}$ = 82 nm bzw. $d_{g,\,Peak2}$ = 404 nm, $\sigma_{g,\,Peak1}$ = 1.3 bzw. $\sigma_{g,\,Peak2}$ = 1.7 und N_{ges} = 4.5 × 10^8 cm^{-3}. Die Parameter für die Lognormalverteilung für die Messung 5.5 min nach Start der Expansion sind d_g = 135 nm, σ_g = 1.6, N = 9.4 × 10^7 cm^{-3}. Die Bedingungen für die Expansion waren T_0 = 298 K, p_0 = 400 bar und $d_{Düse}$ = 150 µm. Der Vergleich dieser Ergebnisse mit denen von racemischen Ibuprofen zeigt sehr ähnliche Werte für den geometrischen Mittelwert und die geometrische Standardabweichung.

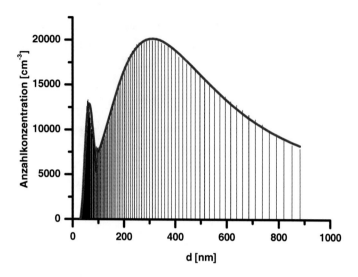

Abbildung 10.3 Anzahlgrößenverteilung von Ibuprofen Partikeln 2 min nach dem erste Puls.

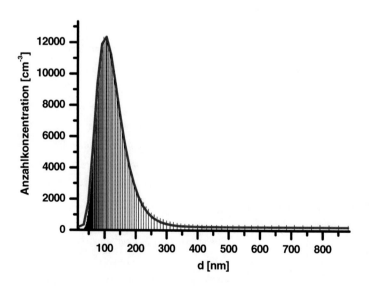

Abbildung 10.4 Anzahlgrößenverteilung von Ibuprofen Partikeln 9 min nach dem erste Puls.

Aufgrund der besseren Löslichkeit von S-Ibuprofen ist die Anzahlkonzentration für S-Ibuprofen fast um einen Faktor 100 größer als für das racemische Ibuprofen. Das hat offensichtlich keinen Einfluss auf die Partikelgrößen.

Der Messbereich des verwendeten SMPS ist auf 900 nm begrenzt. Deshalb kann nicht ausgeschlossen werden, dass das zweite Maximum in Abbildung 10.4 bei größeren Durchmessern liegt und daher nicht mehr detektiert wird. Dies würde auf sehr starke Agglomeration der Ibuprofenpartikel in der Aerosolphase innerhalb weniger Minuten hindeuten. Um diese Behauptung zu überprüfen, wurden REM-Messungen durchgeführt. In Abbildung 10.5 und Abbildung 10.6 sind REM-Bilder von Ibuprofenpartikeln mit 2000-facher bzw. 40 000- facher Vergrößerung dargestellt. Aus den beiden Bildern ist ersichtlich, dass Ibuprofenpartikel zu mehreren Mikrometer langen Ketten agglomerieren und koagulieren. Dabei besitzen die Primärpartikel irreguläre Formen und Durchmesser von $d \geq 100$ nm. Die größeren Primärpartikel sind wahrscheinlich aus koagulierten kleineren Partikeln zusammengesetzt.

Die Partikelgrößen (d_{nv}) von Ibuprofenpartikeln wurden von Türk *et al.* zwischen 183 und 326 nm bestimmt [89]. Wie in [89] beobachtet, konnte auch hier für die Partikelgrößen keine Abhängigkeit von den Expansionsbedingungen mit der RESS-Apparatur festgestellt werden. In dieser Arbeit wurden verschiedene Messungen bei $T_0 = 298$ K, 308 K, 323 K und 353 K bzw. $p_0 = 200$ bar und 400 bar durchgeführt. Sowohl für SMPS und die 3-WEM konnten keine Unterschiede bei den verschiedenen Bedingungen beobachtet werden. Auch in [90] werden keine Abhängigkeiten der Partikelgröße und -form vom Druck und Düsenlänge beobachtet. Allerdings wurden in [98] Unterschiede in der Partikelgröße beobachtet, wenn die Temperatur und die Kapillarlänge variiert wurden. Außerdem wurde die Partikelgröße mehrmals unter gleichen Bedingungen bestimmt. Die Ergebnisse zeigen, dass die Partikelgrößen bei gleichen und unterschiedlichen Bedingungen stark schwanken. Aufgrund dieser schlechten Reproduzierbarkeit der Ergebnisse bei gleichen Bedingungen kann man nicht von Abhängigkeit der Partikelgröße von den Parametern sprechen. Außerdem wurden in der Arbeit [98] wesentlich größere Partikel mit Durchmessern zwischen 2.85 µm und 7.48 µm beobachtet, die mittels REM (1000- fache Vergrößerung) bestimmt wurden. Ähnliche Ergebnisse wurden auch in [90] ermittelt. Die ebenfalls mit REM-Messungen (auch bis 1000-fache Vergrößerung) bestimmten mittleren Partikelgrößen lagen im Bereich von 2.25 µm. Die Unterschiede in den Partikelgrößen zwischen dieser Arbeit und [90, 98] lassen sich, wie im Falle von Phenanthren in Kapitel 6 diskutiert, auf die geringe Vergrößerung der REM in [90, 98] und die starke Agglomeration von Ibuprofen zurückführen.

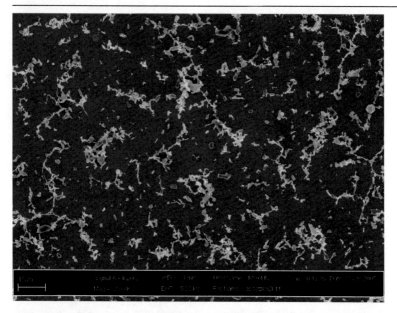

Abbildung 10.5 REM Bild von Ibuprofenpartikeln , 2000fache Vergrößerung.

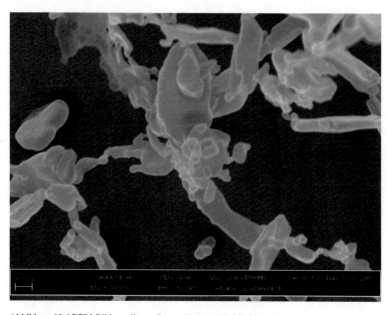

Abbildung 10.6 REM-Bild von Ibuprofenpartikeln bei 40 000 facher Vergrößerung.

Um die Frage zu klären, wo die starke Agglomeration und Koagulation der Ibuprofenpartikel stattfindet, wurde wie schon bei Phytosterol (Kapitel 9) die 3-WEM Methode oder FTIR-Spektroskopie verwenden. Die Agglomeration kann an der Machscheibe, hinter der Machscheibe, wo CO_2 gasförmig vorliegt, oder bei der Probenahme stattfinden. Das Transmissionssignal aus der 3-WEM Messung steigt hier im Gegensatz zu Phytosterol mit der Zeit an. Wenn die Partikel agglomerieren bzw. koagulieren, nimmt die Größe der Partikel zu. Dadurch sinken die Partikel schneller ab und das Transmissionssignal steigt an. Das zeigt, dass die Partikel schon nach der Machscheibe und nicht wie bei Phytosterol erst bei der Probenahme agglomerieren. Da die Partikel, wie oben gezeigt, zu langen Ketten agglomerieren, trifft die Mie-Theorie nicht zu. Aus diesem Grund ist die 3-WEM Messung hier nicht geeignet um die Partikelgröße zu bestimmen (siehe Kapitel 2.6).

10.2 IR-Spektren

In Abbildung 10.7 sind die Infrarot-Partikelspektren von dem Enantiomer S-Ibuprofen (Teil a) sowie vom racemischen Ibuprofen (Teil b) nach der Expansion dargestellt. Sie wurden 2 min nach Beginn der Expansion aufgenommen. Die Bedingungen für die Expansion waren $T_0 = 298$ K, $p_0 = 200$ bar und $d_{Düse} = 150$ µm. Das Spektrum von R-Ibuprofen ist nicht dargestellt. Es ist identisch mit dem vom S-Ibuprofen. Es gibt einige Unterschiede zwischen den beiden Spektren in Abbildung 10.7. Die Carbonylbande von S-Ibuprofen ist im Vergleich zum Racemat rotverschoben. Diese liegt bei 1708 cm^{-1}, während die von RS-Ibuprofen bei 1723 cm^{-1} detektiert wird. Außerdem besitzt die Carbonylbande vom Racemat eine Schulter auf der niederfrequenten Seite. Das Spektrum von S-Ibuprofen zeigt zusätzliche Banden bei 1280 cm^{-1} und 1301 cm^{-1}, die nicht im Spektrum von RS-Ibuprofen vorhanden sind. Im Bereich zwischen 1600 cm^{-1} und 1100 cm^{-1} sind die Banden von racemischem Ibuprofen schmaler als die vom S-Ibuprofen. Auch die Intensitäten dieser Banden vom RS-Ibuprofen sind, relativ zur Carbonylbande betrachtet, größer als die vom S-Ibuprofen. Die breiten Banden im Bereich der CH- Streckschwingungen bei 3000 cm^{-1} sind in Abbildung 10.7 nicht dargestellt.

Im Einsatz in Abbildung 10.7 b) ist die Carbonylbande von racemischen Ibuprofenpartikeln gezeigt. Dieses Spektrum wurde direkt in der Expansion, also im kollisionsfreien Überschallstrahl aufgenommen. Die Bedingungen der Expansion sind für dieses Spektrum $T_0 = 298$ K, $p_0 = 400$ bar und $d_{Düse} = 50$ µm. Die Düse wurde auf $T_{Düse} = 313$ K aufgeheizt um Verstopfungen der Düse vorzubeugen.

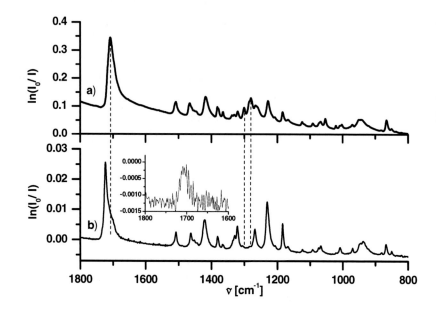

Abbildung 10.7 IR-Partikelspektren vom Enantiomer S-Ibuprofen a) und von dem racemischen Ibuprofen b).
Die Spektren wurden nach der Expansion aufgenommen. Von RS- Ibuprofen ist die Carbonylbande im Überschallstrahl als Einsatz in Teil b dargestellt. Diese Messung wurde während der Expansion aufgenommen.

Dieses Spektrum zeigt, dass die Carbonylbande von racemischem Ibuprofen in der Expansion und die Schulter vom Racemat in Abbildung 10.7 bei 1708 cm^{-1} liegt. Dies entspricht der gleichen Wellenzahl wie für die Carbonylbande vom Enantiomer.

Deshalb galt es als nächstes herauszufinden, welche Änderungen zwischen dem Spektrum in der Expansion und dem Spektrum in Abbildung 10.7 b) zeitlich stattfinden. Man findet eine zeitliche Verschiebung der Carbonylbande von 1708 cm^{-1} während der Expansion zu 1723 cm^{-1} kurz nach der Expansion. In Abbildung 10.8 ist diese gezeigt. Die Expansion erfolgt bei $T_0 = 308$ K, $p_0 = 200$ bar, $d_{\text{Düse}} = 150$ µm und bei einem Abstand zwischen Düse und IR-Detektion von $l = 30$ cm. Die ersten zehn Spektren wurden in der Expansion aufgenommen. Die Aufnahme pro Spektrum dauerte 1 s. Aufgrund des Abstandes von Düse zu IR-Strahl fanden die Aufnahmen der Spektren in der Expansion hinter der Machscheibe statt. Die weiteren dargestellten Spektren wurden nach der Expansion alle 2 s aufgenommen. Abbildung 10.8 zeigt, dass sich die Carbonylbande innerhalb von 20 s zu höheren Frequenzen verschiebt und mit zunehmender Zeit deutlich schmaler wird.

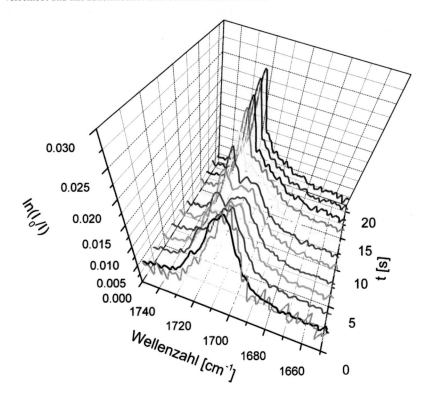

Abbildung 10.8 Zeitliche Verschiebung der Carbonylbande vom racemischen Ibuprofen.
Der Start der Expansion entspricht dem Zeitpunkt Null. Die Expansion dauerte 1.01 s. Das erste dargestellte Spektrum wurde während der Expansion gemessen. Alle weiteren Spektren wurden nach der Expansion aufgenommen. Die Abstände zwischen diesen Scans beträgt 2.02 s.

Wir vermuten folgende Gründe für die Verschiebung bzw. die Änderung in der Bandenbreite der Carbonylbande zwischen dem racemischen Ibuprofen vor bzw. nach der Expansion und dem Racemat bzw. S-Ibuprofen. Im kristallinen Zustand bildet das S-Ibuprofen Dimer andere Wasserstoffbrücken aus als das Dimer des Racemats. Unterschiedliche Wasserstoffbrücken resultieren auch in unterschiedlichen Absorptionswellenzahlen für die Carbonylschwingung. Dies würde also die Verschiebung der Carbonylbande zwischen S-Ibuprofen und dem Racemat erklären. Ähnliche strukturelle Unterschiede könnten auch das Fehlen der beiden Banden um 1280 cm^{-1} und 1301 cm^{-1} beim Racemat im Vergleich zu den Enantiomeren erklären. Deshalb wurden Ab initio Rechnungen für Racemat und S-Ibuprofen mit den Strukturen von [93, 95] durchgeführt. Diese Ergebnisse sind in Kapitel 10.4 dargestellt und diskutiert. Da S-Ibuprofen im IR-Spektrum breitere Banden zeigt, ist es nicht klar, ob diese Substanz kristallin ist. Um dies zu überprüfen, wurden Röntgendiffraktogramme von S-Ibuprofen bzw. RS-Ibuprofen nach der Expansion aufgenommen. Die Ergebnisse werden im nächsten Abschnitt diskutiert. Auch die zeitliche Verschiebung der Carbonylbande im Racemat ließe sich auf strukturelle Änderungen in den Wasserstoffbrücken des Dimers zurückzuführen. Direkt nach der Bildung sind die Partikel amorph und die Wasserstoffbrücken im Dimer vermutlich noch nicht symmetrisch. Daher liegt die Wellenzahl der Carbonylbande in der Nähe des Wertes für das S-Enantiomers. Mit zunehmender Zeit (Abbildung 10.8) kristallisieren die Partikel aus, die Wasserstoffbrücken werden symmetrisch und verschieben sich daher zu höheren Wellenzahlen. Die Vermutung, dass die Partikel auskristallisieren, ist auch konsistent mit der Beobachtung, dass die Absorptionsbanden des Racemats mit zunehmender Zeit nach der Partikelbildung schmaler werden.

10.3 Röntgendiffraktometrie von Ibuprofen

Um die Unterschiede in den IR-Spektren zwischen den racemischen Ibuprofen und den entsprechenden Enantiomeren zu verstehen, wurden Diffraktogramme von RS-Ibuprofen bzw. S-Ibuprofen aufgenommen. Dazu wurde in die gereinigte Expansionskammer die jeweilige Substanz mehrmals expandiert. Danach wurde die Kammer geöffnet und die sich abgesetzte Substanz als Probe verwendet. Die Aufnahme erfolgte mittels eines Brukers D8 Advance Diffraktometers bei $\lambda = 1.54$ nm (Cu-Anode). Die aufgenommenen Diffraktogramme sind in Abbildung 10.9 dargestellt. Wie in der Abbildung zu sehen ist, erfolgte die Detektion zwischen 3 ° und 50 °. Zur besseren Übersicht wurde der Peak von RS-Ibuprofen bei 6.16 ° abgeschnitten. Die Diffraktogramme zeigen, dass einige Peaks von RS-Ibuprofen im Vergleich zu S-Ibuprofen zusätzlich oder nicht vorhanden sind. Dies deutet auf Unterschiede in den Strukturen der beiden Substanzen hin. Auch die Intensitäten der übereinstimmenden Peaks zwischen dem Racemat und dem Enantiomer sind unterschiedlich. Das ist aber auf die statistische Orientierung der Kristalle in alle Raumrichtungen bei der Messung von Pulvern zurückzuführen. Beide Diffraktogramme zeigen schmale, gut aufgelöste Peaks und eine gerade verlaufende Basislinie ohne „Hügel". Würde S-Ibuprofen amorphe Anteile enthalten, würde man schmale Peaks mit einer gekrümmten Basislinie sehen. Dies ist nicht der Fall. Es bedeutet, dass sowohl RS-Ibuprofen als auch S-Ibuprofen nach der Expansion kristallin vorliegen.

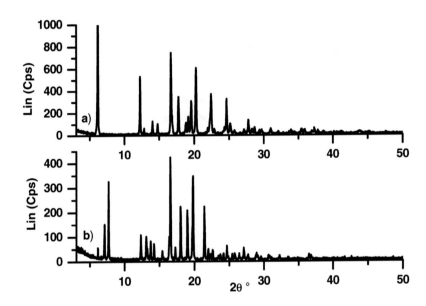

Abbildung 10.9 Röntgen-Diffratogramme von a) RS-Ibuprofen und b) S-Ibuprofen, aufgenommen von 3 ° bis 50 °.
Zur besseren Übersicht wurde der Peak bei 6.16 ° von RS-Ibuprofen abgeschnitten.

Da die Messung der Kristallstruktur erst einen Tag nach der Expansion der Substanzen erfolgte, kann man nicht genau sagen, ob das Enantiomer in dieser Zeit auskristallisiert ist. Allerdings wurden Infratrotspektren von S-Ibuprofen 15 min nach der Expansion aufgenommen, die zeigen, dass auch die Carbonylbande von S-Ibuprofen unverändert bei 1708 cm^{-1} liegt. Gegen ein langsames Auskristallisieren nach dieser Zeit spricht auch, dass die Schmelzenthalpie von RS-Ibuprofen ($\Delta H_m = 23$ kJ·mol^{-1}) größer ist als die von S-Ibuprofen ($\Delta H_m = 15$ kJ·mol^{-1}) [93]. Somit sollte das Enantiomer schneller auskristallisieren als das Racemat. Das Auskristallisieren findet deshalb wahrscheinlich schon in der Düse statt und damit liegt S-Ibuprofen schon in der Expansion kristallin vor. Aufgrund der höheren Schmelzenthalpie von RS-Ibuprofen scheint dieses erst nach der Expansion kristallin zu werden, wie in Abbildung 10.9 gezeigt. Unterschiede in Spektren vom racemischen Ibuprofen und S-Ibuprofen sind also nicht auf den unterschiedlichen Kristallinitätsgrad zurückzuführen. Wie schon erwähnt, scheint der Kristallinitätsgrad der Grund für die zeitliche Verschiebung der Carbonylbande beim racemischen Ibuprofen zu sein.

10.4 Quantenchemische Rechnungen

Mittels quantenchemischer Rechnungen sollten für die Dimere im Kristall von S-Ibuprofen [93] und RS-Ibuprofen [95] IR-Spektren berechnet werden. Dazu wurden die fraktionierten Atomkoordinaten aus der Literatur in eine Z-Matrix umgewandelt. Die Rechnungen erfolgten für je ein isoliertes Dimer von RS- bzw. S-Ibuprofen mit dem Programm Gaussian [99]. Aufgrund der Größe der Dimere von RS- bzw. S-Ibuprofen enthielten die Datensätze keine Isobutylgruppen der Ibuprofene. Das heißt, die Datensätze bestanden aus je 42 Atomen. Es wurde ein harmonisches Potential angenommen. In der Nähe des Minimums ist dieses eine gute Näherung für das eigentlich vorliegende anharmonische Potential, da die höheren Ableitungen des Potentials in diesem Bereich nur wenig zur Energie beitragen. Die Dimerstrukturen im Kristall entsprechen jedoch nicht den optimalen Strukturen der isolierten Dimere. Deshalb muss die Struktur des Dimers eigentlich optimiert werden. Andererseits liegt Ibuprofen in den durchgeführten Experimenten nicht isoliert, sondern im festen Zustand vor und man möchte natürlich die Eigenschaften dieses Zustandes möglichst optimal wiedergeben. Als Kompromiss wurden deshalb nur bestimmte Winkel und Abstände im Wasserstoffbrückenring optimiert und andere wurden auf den Werten des Kristalls festgehalten. In Tabelle 10.1 sind die theoretisch berechneten Wellenzahlen für die Carbonylbande vom racemischen bzw. S-Ibuprofen für verschiedene Optimierungen aufgeführt. Alle Rechnungen wurden mit der B3LYP Methode durchgeführt. Die Optimierung mit dem Index * wurde mit dem Basissatz 6-311++G** für die Atome im Wasserstoffbrückenring durchgeführt, alle anderen Optimierungen erfolgten mit 6-31G. Die Bezeichnung „Grundstruktur" bezieht sich auf alle Abstände und Winkel abgesehen von denjenigen im Wasserstoffbrückenring und von Diederwinkeln, die die räumliche Struktur bestimmen. Zum Vergleich sind ebenfalls die experimentell ermittelten Wellenzahlen angegeben.

Tabelle 10.1 Wellenzahlen der Carbonylbande von RS-Ibuprofen und S-Ibuprofen für verschiedene Optimierung im Vergleich mit den experimentellen Werten.

Optimierung	ν(C=O, RS-Ibu) [cm^{-1}]	ν(C=O, S-Ibu) [cm^{-1}]
experimentell	1723	1708
ohne	1927	1844
C=O Abstand	1771	1769
C=O Abstand, Grundstruktur	1778	1771
C=O Abstand, Grundstruktur *	1768	1762
OCO Winkel, Grundstruktur	1924	1837
OH, Abstand, Grundstruktur	1927	1839
OH, CO, Abstand, Grundstruktur	1914	1822
OH, CO, C=O Abstand, Grundstruktur	1767	1770

Die Tabelle zeigt, dass ohne Optimierung die Wellenzahlen der Carbonylbande vom Racemat stark blauverschoben sind und die Differenz zwischen den beiden Wellenzahlen wesentlich größer ist als die experimentell bestimmten. Auch nach der Optimierung der OH-, C-O-Abstände und des OCO Winkels zusammen mit der Grundstruktur gibt es keine große Änderung bei den Bandenpositionen von RS-Ibuprofen und S-Ibuprofen oder bei der Differenz zwischen diesen. Optimiert man dagegen den C=O Abstand, so ändern sich die Bandenpositionen zu kleineren Wellenzahlen im Vergleich zu denen der unoptimierten Rechnung. Die Differenz der Wellenzahlen zwischen RS-Ibuprofen und S-Ibuprofen ist etwas geringer als die Differenz der Wellenzahlen bei den experimentellen Spektren. Nach der Optimierung des C=O Abstandes gleichen sich die Wellenzahlen der beiden berechneten Spektren den experimentellen Ergebnisse an. Werden alle Bindungslängen (OH, C-O und C=O) gemeinsam mit der Grundstruktur optimiert, ergeben sich nahezu identische Wellenzahlen für RS-Ibuprofen und S-Ibuprofen, da die Unterschiede in der relativen Anordnung der Monomere verloren gehen. Am realistischsten dürfte das Modell mit gemeinsamer Optimierung von dem C=O Abstand und der Grundstruktur sein. Dieses Modell kommt dem B3LYP-Minimum am nächsten, ohne dabei die Unterschiede in den Wasserstoffbrückenringen allzu sehr zu verwischen. Da der anharmonische Anteil und der Isobutylrest vernachlässigt werden, kann natürlich allenfalls eine qualitative Entsprechung von den berechneten und experimentellen Spektren erwartet werden. In Abbildung 10.10 sind die Spektren mit den dazugehörigen optimierten Strukturen dargestellt. Diese zeigen, dass neben der Verschiebung der Carbonylbande auch noch zusätzliche Banden im S-Ibuprofen im

Vergleich gegenüber dem RS-Ibuprofen vorhanden sind. Außerdem fehlt eine Bande, die beim racemischen Ibuprofen vorkommt.

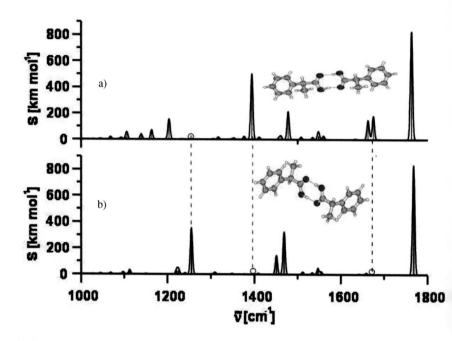

Abbildung 10.10 Theoretischen bestimmte IR-Spektren von S-Ibuprofen a) und RS-Ibuprofen b).
Für die dargestellten Spektren wurde die Carbonylbindungslänge und die Grundstruktur mit B3LYP 6-311++G** bzw. 6-31G optimiert. Außerdem sind die optimierten Strukturen in den dazugehörigen Spektren dargestellt. Die Skala der Ordinate entspricht den Werten der Strichspektren, die gefalteten Spektren wurden den Strichspektren angepasst.

Der Grund für die Unterschiede in Spektren liegt in den verschiedenen Geometrien der beiden Dimere. Das Dimer von RS-Ibuprofen hat im Gegensatz zu dem Enantiomer ein Inversionszentrum. Aufgrund dieser Symmetrie kann der Übergangsdipol einiger Schwingungen des Dimers Null sein. Damit sind diese Schwingungen nicht IR-aktiv. Es existieren z.B. zwei Carbonylschwingungen für die Dimere. Beim Racemat würde die IR-inaktive Schwingung bei 1711 cm^{-1} für das in Abbildung 10.10 dargestellte Spektrum liegen. Die in Abbildung 10.7 a) dargestellten Carbonylschwingungen des Enantiomers liegen bei 1762 cm^{-1} bzw. 1674 cm^{-1}. Im experimentellen Spektrum existiert für die Enantiomere nur eine Carbonylbande, die aber im Vergleich zu der vom racemischen Ibuprofen wesentlich breiter ist. Wahrscheinlich beinhaltet die breite Bande des Enantiomers beide Carbonylschwingungen, während beim Racemat nur eine Carbonylschwingung der Bande bei 1723 cm^{-1} entspricht. Die Punktsymmetrie des Racemats ist also der Grund für das Fehlen von zusätzlichen Banden im Vergleich zu den Enantiomeren. Auch die breiteren Banden des Enantiomers im Vergleich zum Racemat sind darauf zurückzuführen. Der letzte Unterschied ist die Verschiebung der Carbonylbanden. Der Grund dafür liegt in den unterschiedlichen Bindungslängen zwischen den Atomen im Wasserstoffbrückenring. Diese sind in Tabelle 10.2 dargestellt. Es handelt sich dabei um die nicht optimierten, also experimentellen Werte aus der Kristallstruktur. Bei Betrachtung der C-O bzw. C=O Abstände existieren keine großen Unterschiede zwischen dem Racemat und den beiden Molekülen des Enantiomers. Aber der O-H Abstand und der Abstand der Wasserstoffbrücke zwischen Wasserstoff und Carbonylsauerstoff unterscheiden sich deutlich zwischen den beiden Enantiomermolekülen und dem Racemat. Der H···O Abstand des Racemats liegt genau zwischen den Abständen der beiden Enantiomere. Optimiert man allerdings neben dem C=O Abstand auch Grundstruktur, OH- und CO Abstand, so gleichen sich die OH-Abstände und die Abstände zwischen dem Carboxylsauerstoff und dem Wasserstoff an. Dies ist in Tabelle 10.3 dargestellt. Auch die Spektren unterscheiden sich kaum noch. Es existiert nur noch eine Carbonylbande für RS-Ibuprofen und S-Ibuprofen. Die Bandenpositionen dieser Carbonylbanden sind ebenfalls nahezu gleich (Tabelle 10.1). Aufgrund der räumlichen Anordnung im Kristall werden die OH-Bindungen von S-Ibuprofen gestaucht und gedehnt.

Tabelle 10.2 Bindungslängen ohne Optimierung aus [93] und [95] für RS-Ibuprofen und S-Ibuprofen

Molekül	O-H (Å)	O....H (Å)	C-O (Å)	C=O (Å)
S-Ibuprofen (A)	0.931	1.737	1.303	1.219
S-Ibuprofen (B)	1.069	1.549	1.302	1.226
RS-Ibuprofen	0.963	1.664	1.306	1.204

Tabelle 10.3 Bindungslängen nach Optimierung von Grundstruktur, OH, CO und C=O Abständen von den Dimeren des racemischen Ibuprofen und S-Ibuprofen

Molekül	O-H (Å)	O....H (Å)	C-O (Å)	C=O (Å)
S-Ibuprofen (A)	1.005	1.644	1.327	1.230
S-Ibuprofen (B)	1.008	1.620	1.330	1.233
RS-Ibuprofen	1.010	1.594	1.320	1.234

Auch wenn unser theoretisches Modell mit einigen Unwägbarkeiten behaftet ist, scheint es doch die Hypothese zu stützen, dass die beobachtete Rotverschiebung der Carbonylbande von S-Ibuprofen relativ zum Wert des Racemats durch die unterschiedlichen Wasserstoffbrücken im Dimer zustande kommt. Im Racemat findet man zwei equivalenten Wasserstoffbrücken, im S-Ibuprofen ist diese Symmetrie gebrochen. Die Bildung einer symmetrischen Wasserstoffbrücke durch Auskristallisieren erklärt auch die beobachtete Verschiebung der Carbonylbande des Racemats mit zunehmender Zeit kurz nach der Partikelbildung (Abbildung 10.8).

10.5 Beschichtung von Ibuprofen mit DL-PLA

Wie im Abschnitt 10.1 gezeigt wurde, agglomerieren die Ibuprofenpartikel stark. Um diese Agglomeration zu verhindern und damit die Partikel zu stabilisieren, gibt es mehrere Möglichkeiten. Bei Türk et al. [37] werden die Ibuprofenpartikel direkt in das poröse und wasserlösliche Trägermaterial (β-Cyclodextrin) abgeschieden. Dieser Prozess wird kontrollierte Partikelabscheidung (CPD) genannt. Panthak et al. [97, 100] haben die Ibuprofenpartikel in wässrige Kolloidlösungen (Polymere wie PVP, PEG oder das Protein BSA) expandiert. Dieses Verfahren wird RESOLV [97] oder RESSAS [36] genannt. Die mittlere Größe der Ibuprofenpartikel, die mit RESOLV hergestellt wurden, liegt zwischen 25 nm und 276 nm. Die Größe der in der Suspension enthaltenen Partikel wurde mit REM charakterisiert. Die einfache und rückstandsfreie Abtrennung des Produktes vom Lösungsmittel ist ein Vorteil des RESS-Verfahrens, der beim RESOLV-Verfahren nicht mehr gegeben ist. Wir versuchen deshalb in dieser Arbeit das Arzneimittel RS-Ibuprofen direkt mit dem Biopolymer DL-PLA in einer RESS-Expansion zu umhüllen. Dieses Verfahren wurde bereits von Türk et al. [88] und von uns (siehe Kapitel 9) für das Beschichten von Phytosterol mit PLA verwendet und von der Gruppe Türk als CORESS bezeichnet. Neu an unserer Apparatur ist, dass wir das Polymer und den Wirkstoff in zwei getrennte Extraktoren lösen können. Dazu wird in einem Extraktor das racemische Ibuprofen und in den anderen DL-PLA gefüllt. Über die Ventile lässt sich das Verhältnis der beiden Substanzen steuern. Dieses Verhältnis kann relativ über IR-Spektroskopie abgeschätzt werden. Dazu werden die Intensitäten der Carbonylbanden von PLA bei etwa 1758 cm^{-1} und Ibuprofen bei 1723 cm^{-1} miteinander verglichen.

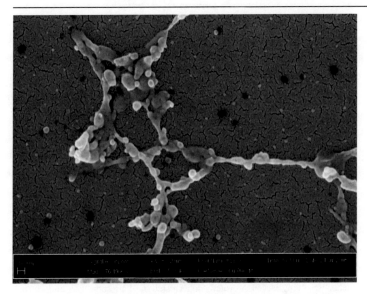

Abbildung 10.11 REM-Bild von Ibuprofen PLA-Partikeln mit dominierenden Anteil an Ibuprofen.

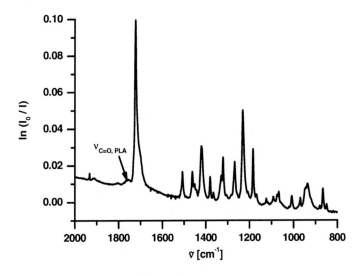

Abbildung 10.12 IR-Spektrum der Partikel aus Abbildung 10.11.
Die Spektren wurden während der Probenahme für die REM Messungen aufgenommen.

In dieser Arbeit können die tatsächlichen Konzentrationen der Substanzen nicht mit IR-Spektroskopie bestimmt werden, da für die Bestimmung dieser über das Lambert- Beersche Gesetz keine Extinktionskoeffizienten für Ibuprofen und PLA existieren. Andere Arbeiten bestimmen die Konzentrationen von Substanzen von Mischpartikeln z. B. mit Differential Scanning Kalorimetrie (DSC) [101]. Dies kann jedoch nicht in situ während der Partikelbildung durchgeführt werden.

Abbildung 10.11 zeigt ein REM-Bild von Ibuprofen-PLA Partikeln. Das dazugehörige IR-Spektrum ist in Abbildung 10.12 dargestellt. Aus den Carbonylbanden sieht man, dass in diesem Fall die Konzentration von PLA wesentlich geringer ist als die von Ibuprofen. Das spiegelt sich auch im REM Bild wieder. Die Partikel agglomerieren von 5 µm bis zu etwa 40 µm lange Ketten. Allerdings besitzen die Primärpartikel jetzt nicht mehr irreguläre Formen wie bei reinen Ibuprofen, sondern sie sind eher kugelförmig. Auch ihre Größe ist geringer als bei reinen Ibuprofenpartikeln. Dies deutet darauf hin, dass zumindest die Koagulation reduziert wurde.

Bei kontinuierlicher Erhöhung des PLA-Anteils ändern sich die Partikelgrößen und –formen. Das ist in den beiden REM Bildern in Abbildung 10.13 bzw. Abbildung 10.15 und dem dazugehörigen IR- Spektrum in Abbildung 10.14 dargestellt. Im Gegensatz zu dem Spektrum in Abbildung 10.12 ist in dem von Abbildung 10.14 deutlich die Carbonylbande von PLA zu erkennen. Außerdem zeigt das Spektrum in Abbildung 10.14 Unterschiede im Bereich zwischen $1300 \, cm^{-1}$ und $1000 \, cm^{-1}$, die auf die breiten Banden von PLA zurückzuführen sind. Die REM-Bilder zeigen, dass Ibuprofen immer noch agglomeriert und Ketten ausbildet. Die Länge dieser Ketten ist $l \leq 6 \, µm$. Dies zeigt, dass bei dieser Konzentration die Agglomeration reduziert, aber nicht verhindert werden konnte. Auch wenn man die Konzentration von PLA weiter erhöht, so dass die Carbonylbande von PLA etwa die gleiche Intensität oder etwas höher ist als die von Ibuprofen, erhält man die gleichen Ergebnisse wie in Abbildung 10.13 bzw. Abbildung 10.15.

Erhöht man die Konzentration von PLA so, dass fast nur noch PLA vorhanden ist, so scheinen die REM-Bilder denen von reinen PLA zu entsprechen (siehe Kapitel 8). Ein Beispiel mit dem dazugehörigen IR-Spektrum ist in den Abbildung 10.16 und Abbildung 10.17 dargestellt. Im IR-Spektrum in Abbildung 10.17 erkennt man deutlich die Carbonylbande bei $1758 \, cm^{-1}$ und die breiten Banden im Bereich zwischen $1300 \, cm^{-1}$ und $1000 \, cm^{-1}$. Das REM-Bild zeigt kugelförmige Partikel, die z.T. agglomerieren. Auch die Partikelgrößen zwischen 400 nm und 800 nm stimmen mit denen von reinen PLA-Partikeln überein (siehe Kapitel 8).

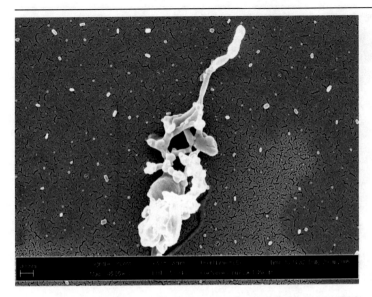

Abbildung 10.13 REM Bild bei 45000-facher Vergrößerung von Ibuprofen-PLA Partikeln. Die Konzentration von Ibuprofen entspricht wahrscheinlich annähernd der von PLA.

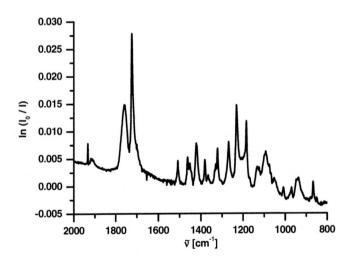

Abbildung 10.14 zugehöriges IR-Spektrum zu REM-Bildern in Abbildung 10.13 bzw. Abbildung 10.15. Das Spektrum wurde während der Probenahme für die REM-Messungen aufgenommen.

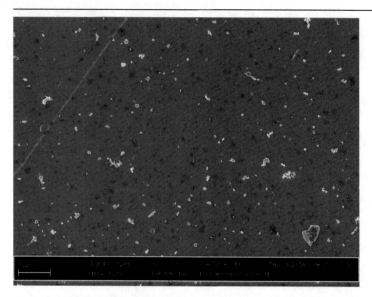

Abbildung 10.15 REM-Bild bei 3270 facher Vergrößerung von Ibuprofen-PLA Partikeln mit ähnlicher Konzentration von Ibuprofen und PLA

Es konnte gezeigt werden, dass die Anteile von Ibuprofen und PLA in den Partikeln mit der neuen RESS-Apparatur gezielt variiert werden können. Bei etwa gleichen Anteilen von Ibuprofen und PLA kann die Agglomeration von Ibuprofen reduziert, aber nicht ganz verhindert werden. Es ist dabei nicht klar, ob Ibuprofen tatsächlich von PLA umhüllt wird oder umgekehrt. Eine weitere Möglichkeit wäre, dass sich beide Substanzen mischen. Daraus lassen sich wiederum Gründe für die immer noch vorhandene Agglomeration angeben. Ein Grund wäre, dass Ibuprofen bei der Expansion früher ausfällt als PLA und deshalb agglomeriert bevor PLA Ibuprofen umhüllen kann. Dafür spricht das Transmissionssignal der 3-WEM Messung. Wie weiter oben erklärt, scheint die Agglomeration von Ibuprofen schon nach der Machscheibe, wo die Aerosolpartikel statisch in der Expansionskammer vorliegen, einzusetzen und nicht erst bei der Probenahme für die REM-Messungen. Dagegen spricht allerdings die von [97] durchgeführte Arbeit. Denn diese Arbeit kann mit RESOLV die Agglomeration von Ibuprofen verhindern. Ein anderer möglicher Grund wäre eine unvollständige Umhüllung von Ibuprofen mit PLA. An den Stellen, wo kein PLA Ibuprofen überzieht, können zwei Partikel agglomerieren.

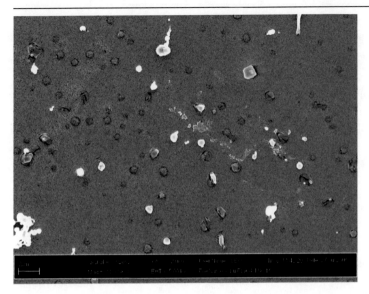

Abbildung 10.16 REM-Bild von Ibuprofen-PLA Partikeln mit deutlich höherem Anteil an PLA als Ibuprofen.

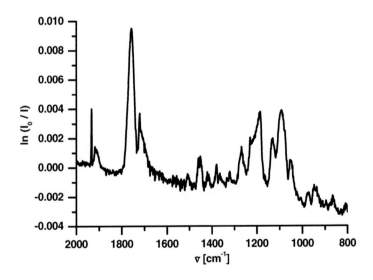

Abbildung 10.17 zugehöriges IR-Spektrum aufgenommen zu Abbildung 10.16.
Das Spektrum wurde während der Probenahme für die REM-Messungen aufgenommen

Da sich die Löslichkeiten von PLA und Ibuprofen nicht sehr stark voneinander unterscheiden, ist es eher unwahrscheinlich, dass erst Ibuprofen vollständig ausfällt, danach PLA und sich dieses um die Ibuprofenpartikel legt. Am plausibelsten ist deshalb, dass Ibuprofen sich mit PLA mischt. Auch hier existieren Stellen, an denen Ibuprofen nicht mit PLA umhüllt ist. Deshalb kann es dort weiterhin zu Agglomerationen von mehreren Partikeln kommen.

Kapitel 11 Zusammenfassung und Ausblick

Mit schneller Expansion überkritischer Lösungen (RESS) lassen sich Substanzen unter vergleichsweise moderaten Bedingungen mikronisieren. In der vorliegenden Arbeit wurde eine neuartige RESS-Apparatur aufgebaut. Damit können Partikel im Nanometerbereich hergestellt werden. Im Unterschied zu anderen RESS-Apparaturen kann mit dieser Apparatur die Expansion gepulst durchgeführt werden. Dadurch ist eine geringere Pumpleistung erforderlich und die Expansion kann auch in das Vakuum erfolgen. Die Expansion ins Vakuum erlaubt erstmals auch Prozesse vor der Machscheibe und damit die eigentliche Partikelbildung experimentell zu untersuchen. Dies wurde an CO_2 und an den Systemen CO_2/ Nonadekan und CO_2/ Adamantan durchgeführt. Bei diesen Experimenten wurden die Partikel *in situ* mit FTIR-Spektroskopie und 3-WEM charakterisiert. Für die Charakterisierung von Feststoffpartikeln wurden zusätzlich SMPS zur Bestimmung der Partikelgröße, REM zur Charakterisierung der Partikelform und Röntgendiffraktometrie zur Bestimmung der Struktur verwendet. Aus den IR-Spektren der Partikel, der Partikelgrößeverteilung und der Partikelform kann der komplexe Brechungsindex bestimmt werden. Dies wurde hier für Phenanthrenaerosole und für Biphenylaerosole durchgeführt. Durch das Verwenden von zwei Extraktoren anstatt nur eines Extraktors, ist es möglich zwei Feststoffe unabhängig voneinander im überkritischem Lösungsmittel zu lösen. Dadurch können Partikel beschichtet werden. In dieser Arbeit wurden die Wirkstoffpartikel Phytosterol bzw. Ibuprofen mit dem Biopolymer PLA beschichtet.

Die eigentliche Partikelbildung wurde zuerst am reinem Lösungsmittel CO_2 und anschließend an den Systemen CO_2/ Nonadekan bzw. CO_2/ Adamantan untersucht. Die Untersuchungen von CO_2 vor der Machscheibe mit FTIR-Spektroskopie zeigten, dass CO_2 während der Expansion auch zu Partikeln auskondensiert. Diese Partikel liegen auch noch zwei Sekunden nach der Expansion, also hinter der Machscheibe, vor. Allerdings nimmt der

Partikeldurchmesser hier sehr schnell ab, da die CO_2 Partikel innerhalb dieser Zeit verdampfen. Auch Nonadekan bzw. Adamantan kondensieren vor der Machscheibe als Partikel aus. Nonadekanpartikel bleiben auch nach der Machscheibe stabil. Adamantan ist im Vergleich zu Nonadekan wesentlich flüchtiger. Deshalb verdampft Adamantan teilweise und der Partikeldurchmesser sinkt. Adamantan besitzt 2 feste Phasen mit einem Phasenübergang bei 208 K. Deshalb gibt es deutliche Unterschiede zwischen den aufgenommenen Spektren vor bzw. nach der Machscheibe. Da auch CO_2 vor der Machscheibe zu Partikel kondensiert, könnten sich statistisch gemischte oder mit CO_2 beschichtete Substanzpartikel bilden. Mit den in dieser Arbeit verwendeten Charakterisierungsmethoden ließ sich allerdings nicht eindeutig feststellen, welcher der beiden Fälle für das jeweilige System vorlag.

Für Phenanthren- und Biphenylpartikel ist der komplexe Brechungsindex für den Bereich zwischen 800 cm^{-1} und 3320 cm^{-1} aus den IR-Spektren und den gemessenen Größenverteilungen bestimmt worden. Da für beide Substanzen die Partikel kugelförmig vorlagen, konnte dazu Mie-Theorie verwendet werden. Zur Berechnung des Brechungsindexes wird die Partikelgrößenverteilung benötigt. Der mit dem SMPS bestimmte mittlere Durchmesser betrug für Phenanthrenpartikel 240 nm und für Biphenylpartikel 160 nm. Da Biphenyl relativ flüchtig ist, verdampften die Aerosolpartikel im Gegensatz zu Phenanthren bei der Größenbestimmung mit dem SMPS. Deshalb konnte die mit dem SMPS ermittelte Partikelgröße für die Brechungsindexberechnung nicht verwendet werden. Aus diesem Grund wurde die Partikelgrößenverteilung für Biphenyl aus 3-WEM Messungen bestimmt. Diese Methode ist im Vergleich zum SMPS wesentlich ungenauer. In der Literatur wird der maximale Fehler der 3-WEM Messung im Vergleich zu Referenzmessungen mit dem SMPS mit 30 % angegeben. Deshalb ist der Fehler des komplexen Brechungsindex für Biphenylpartikel wesentlich größer als für Phenanthrenpartikel.

Die vorliegende Arbeit hat gezeigt, dass Wirkstoffpartikel aus Phytosterol und Ibuprofen zu μm-langen Ketten agglomerieren und koagulieren. Die Agglomeration findet vor allem während der Probenahme für SMPS bzw. REM statt. Um Agglomeration und Koagulation zu verhindern, wurden die Wirkstoffpartikel mit dem Biopolymer PLA beschichtet. Dazu wurden zuerst reine PLA-Partikel untersucht. Die Partikelgröße, -form und das IR-Spektrum reiner PLA-Partikel wurden mit den Ergebnissen der Systeme Phytosterol/ PLA bzw. Ibuprofen/ PLA verglichen. Phytosterol und PLA wurden beide im gleichen Extraktor gelöst. Die Beschichtung von Phytosterolpartikeln ist in dieser Arbeit nicht gelungen, da bei der

Verwendung von einem Extraktor das Mischungsverhältnis in der überkritischen Lösung nicht variiert werden konnte. Ibuprofen und PLA wurden in zwei getrennten Extraktoren gelöst, damit das Mischungsverhältnis variiert werden konnte. Dadurch gelang es die Agglomeration zu reduzieren, aber sie ließ sich nicht vollständig verhindern. Ebenfalls war auch nicht klar, ob sich statistisch gemischte Partikel oder ob sich tatsächlich beschichtete Partikel gebildet haben.

Vergleicht man die IR-Spektren von racemischen Ibuprofenpartikeln mit denen reiner Enantiomerpartikel, findet man deutliche Unterschiede. Das Spektrum der Racematpartikel zeigt im Vergleich zu den Enantiomerpartikeln zusätzliche Banden um $1300\,\text{cm}^{-1}$ und eine Rotverschiebung der Carbonylbande im Vergleich zu den Enantiomerpartikeln. Es konnte gezeigt werden, dass der Grund für diese Unterschiede in der unterschiedlichen Symmetrie der Dimere liegt, die sich in den Partikeln bilden. Racemisches Ibuprofen zeigt zudem Unterschiede in den IR-Spektren, die während und nach der Expansion aufgenommen wurden. Der Grund dafür ist, dass das Racemat während der Expansion noch amorph vorliegt und erst nach der Expansion auskristallisiert.

In weiterführenden Arbeiten muss vor allem die Absorbanz der Feststoffe in der Expansion bei IR-Messungen erhöht und das Beschichten der Partikel verbessert werden. Die Absorbanz wird durch die optische Weglänge und die Konzentration der Substanz beeinflusst. Die optische Weglänge kann verlängert werden, indem der Laserstrahl mehrfach durch die Expansionskammer geleitet wird. Eine Möglichkeit Licht mehrfach durch Zellen mit Spiegeln zu reflektieren, ist die White Optik [102].

Um die Konzentration der Substanzen zu erhöhen, gibt es verschiedene Möglichkeiten. Einerseits können zum $scCO_2$ zusätzliche Kosolvenzien zugeben werden. So hat z.B. Tom et al. [23], um L-PLA in $scCO_2$ zu lösen, zusätzlich 1 wt% Aceton zur Lösung zugegeben. Dadurch hat sich die Löslichkeit etwa um den Faktor 4 erhöht. Nachteilig ist, dass diese Kosolvenzien flüssig sind. Dadurch können die entstandenen festen Partikeln nicht mehr so leicht vom Lösungsmittel abgetrennt werden wie bei Verwendung von reinem CO_2. Eine andere Möglichkeit zur Verbesserung der Löslichkeit ist die Verwendung eines anderen Lösungsmittels anstatt $scCO_2$. So haben [34, 103] Griseofulvin, eine pharmazeutische Substanz, in CHF_3 gelöst und anschließend mit dem RESS-Verfahren mikronisiert, da die Löslichkeit von Griseofulvin in CHF_3 (Molfraktion: 1.6×10^{-5} bei $T = 323$ K und $p = 200$ bar) etwa fünf mal besser ist als in CO_2 (Molfraktion: 7.5×10^{-5} bei $T = 323$ K und $p = 200$ bar).

Bei dem Beschichten der Wirkstoffpartikeln wurde bisher das Mischungsverhältnis nur über die Ventile gesteuert. Die Extraktionsbedingungen waren für Wirkstoff und Polymer gleich. Dieses Verhältnis lässt sich noch weiter beeinflussen z.b. durch die Wahl von zwei verschiedenen Lösungsmitteln bzw. von Mischungen von Lösungsmitteln, verschiedenen Temperaturen und Drücken der einzelnen Extraktoren und Reservoirs. Voraussetzung dafür ist die Kenntnis über die Phasendiagramme der Mischungen (Kapitel 2.3) und damit über die Löslichkeit der Substanzen in den jeweiligen Lösungsmitteln.

Um die Prozesse beim Beschichten besser zu verstehen und um die entstandenen Mischpartikel besser zu charakterisieren, müssen weitere experimentelle Charakterisierungsmethoden verwendet werden. Die Bestimmung der Konzentrationen der in den Mischpartikeln enthaltenen Substanzen kann z.b. mit Differential Scanning Calorimetry (DSC) erfolgen [37]. Außerdem ist die Frage zu klären, wie die Feststoffe ausfallen, d.h. ob die entstandenen Partikel statistisch gemischt vorliegen oder ob sich beschichtete Partikel bilden. Zur Beantwortung dieser Frage könnten verschiedene Methoden verwendet werden. So wurde in [38] ein konfokales Laser-Rastermikroskop mit einem Fluoreszenzdetektor verwendet, um die Umhüllung von Naproxen (fluoreszierend) mit L-PLA zu überprüfen. Der Nachteil dieser Methode ist, dass zur Unterscheidung der verwendeten Substanzen eine fluoreszierend sein sollte, und dass die Auflösung der Geräte im Vergleich zum REM gering ist. Eine andere Möglichkeit ist nichtlineare Oberflächenspektroskopie im infraroten Bereich. Aus dieser Oberflächeninformation lassen sich Rückschlüsse darüber ziehen, ob die Partikel beschichtet oder gemischt sind.

Für das Beschichten von pharmazeutischen Substanzen sind nicht nur Biopolymere, wie Polymilchsäure attraktiv, sondern auch Proteine. In [97] wurde z.B. Ibuprofen in eine wässrige Lösung expandiert, die das Protein BSA enthielt. Auf diese Weise konnten beschichtete Ibuprofenpartikel erzeugt werden. Solche Proteine können funktionelle Gruppen enthalten, die es erlauben den Wirkstoff kontrolliert an eine bestimmte Stelle im Körper zu transportiert [104]. Auch in der Atmosphäre können gemischte und beschichtete Aerosolpartikel auftreten. Beispielsweise bilden organische Substanzen wie Carbon- bzw. Dicarbonsäuren Kondensationskerne für Wasser und Eis [105].

Literaturverzeichnis

[1]   W. Luther, Tagung: *Dialog zur Bewertung von synthetischen Nanopartikeln in Arbeits- und Umweltbereichen*, 11. - 12. Oktober **2005** , Bonn

[2]   Z.L. Wang *Charakterization of Nanophase Materials*, 1st Edition, Wiley-VCH, **2000**

[3]   P. Biswas, C.-Y. Wu *J. Air & Waste Mange. Assoc.* **2005**, 55, 708-746

[4]   W.M. Tolles in G.M. Chow, K.E. Gonzalves *Nanotechnology: Molecular Designed Materials*, ACS Symposium Series 622, **1996,** 1-18

[5]   J. Jung, M. Perrut *J. Supercrit. Fluids* **2001**, 20, 179-219

[6]   M. Türk, *Erzeugung von organischen Nanopartikeln mit überkritischen Fluiden*, Habilitation, Universität Karlsruhe, **2001**

[7]   D. Hermsdorf, A. Bonnamy, M. A. Suhm, R. Signorell, *Phys. Chem. Chem. Phys.* **2004**,6(19), 4652-4657

[8]   A. Bonnamy, D. Hermsdorf, R. Ueberschaer, R. Signorell *Rev.Sci. Instrum.*, **76**, 053904 (2005)

[9]   T. Häber, U. Schmitt, M.A. Suhm *Phys. Chem. Chem. Phys.* **1999**, 1, 5573-5582

[10]   M. Otto *Analytische Chemie 2.* Auflage, Wiley-VCH **1999**

[11]   I. Yilgör, J. E. McGrath, *Polym. Bull* **1984**, *12,* 491-497

[12]   G.M. Schneider, *Fluid Phase Eq.*, **1983**, 10, 141-157

[13]   S. Cihlar, *Mikronisierung organischer Feststoffe durch schnelle Expansion überkritischer Lösungen,* Dissertation, Universität Karlsruhe, **2000**

[14]   D. Bush, C.A. Eckert in M.A. Abraham, A.K. Sunol *Supercritical Fluids, Extraction and Pollution Prevention*, ACS Symposium Series 670, 37-50, **1997**

[15] M. Hugh, V. Krukonis, *Supercritical Fluid Extraction*, Butterworth-Heinemann, 2nd Edition, **1994**

[16] R.S. Mohamed, D.S. Halverson, P.G. Debenedetti, R.K.Prud'homme in K.P.Johnston, J.L. Penninger *Supercritical Fluid Science and Technology*, ACS Symposium Series 406, **1989**, 355-378

[17] I. Kikic, M. Lora, A. Bertucco, *Ing. Eng. Chem. Res.* **1997**, 36, 5507- 5515

[18] M. Türk in G. Brunner *Supercritical Fluids as Solvents and Reaction Media*, Elsevier **2004**

[19] S. Cihlar, M. Türk, K. Schaber 3. *Proceedings of the World Congress on Particle Technology*, 6-9 Juli **1998**, Brighton UK, No. 380

[20] J. B. Hannay, J. Hogarth, *Proc. Roy. Soc.* **1879**, 29, 324-326

[21] V. Krukonis Supercritical Fluid Nucleation of Difficult to comminute Solids, 76th Annual AIChE Meeting San Fransisco, Nov. 1984, paper 140f

[22] P.G. Debenedetti, *AIChE J.*, **1990**, 36, 1289-1298

[23] J.W. Tom, P.G. Debenedetti, *Biotechnol. Prog.* **1991**, 7, 403-411

[24] X. M. Kwauk, P.G. Debenedetti *J. Aerosol Sci.* **1993**, 24, 445-469

[25] M. Türk, *J. Supercrit. Fluids*, **2000**, 18, 169-184

[26] B. Helfgen, P. Hils, Ch. Holzknecht, M. Türk, K. Schaber, *Aerosol Sci.* **2001**, 32, 295-319

[27] G.R. Shaub, J.F. Brennecke, M.J. McCready *J. Supercrit. Fluids* **1995**, 8, 318-328

[28] J.W. Tom, P.G. Debenedetti *J. Aerosol Sci* **1991**, 22, 555-584

[29] D.W. Matson, J.L. Fulton, R.C. Petersen, R.D. Smith *Ind. Eng. Chem. Res.* **1987**, 26, 2298-2306

[30] P.G. Debenedetti in E. Kiran, J.M.H. Levelt Sengers, *Supercritical Fluids, Fundamentals for Application*, NATO ASI Series E: Applied Sciences, Vol. 273, **1993**, 719-729

[31] C. Domingo, E. Berends, G. M. van Rosmalen, *J. Cryst. Growth* **1996**, 166, 989-995

[32] C. Domingo, E. Berends, G. M. van Rosmalen, *J. Supercrit. Fluids* **1997**, 10, 39-55

[33] J. Fages, H. Lochard, J.-J. Letourneau, M. Sauceau E. Rodier, *Powder Techn.* **2004**, 141, 219-226

[34] M. Türk, P. Hils, B. Helfgen, K. Schaber, H.-J. Martin, M.A. Wahl, *J. Supercrit. Fluids,* **2002**, 22, 75-84

[35] P. Panthak, M. J. Meziani, T. Desai, Y.-P. Sun, *J. Am. Chem. Soc.,* **2004**, 126, 10842-10843

[36] M. Türk, R. Lietzow *AAPS PharmSciTech,* **2004**, 5, Article 56

[37] M. Türk, P. Hils, K. Hussein, M. Wahl Proceedings of the International Congress for Particle Technology, PARTEC **2004**, Nürnberg, 373-386

[38] J.-H. Kim, T.E. Paxton, D. L. Tomasko *Biotechnol. Prog.* **1996**, 12, 650-661

[39] J.W. Tom, G.-B. Lim, P.G. Debenedetti, R.K.Prud'homme in E. Kiran, J.F. Brennecke, *Supercritical Fluid Engineering Science,* ACS Symposium Series 514, **1993**, 238-257

[40] W. C. Hinds, *Aerosol Technology,* Wiley Interscience, **1999**

[41] R. Ueberschaer, *Charakterisierung der Partikelbildung bei der schnellen Expansion überkritischer Lösungen,* Diplomarbeit, Universität Göttingen, **2004**

[42] C. F. Bohren,D. R. Huffmann, *Absorption and Scattering of Light by Small Particles,* Wiley Interscience, **1998**

[43] K. Schaber, A. Schenkel, R.A. Zahoransky, *Technisches Messen,* **1994**, 61(7/8), 295-300

[44] R. Signorell, *Mol. Phys.,* **2003**, 101(23/24), 3385-3399

[45] T. Häber, *Ragout-Jet-FTIR-Spektroskopie* Dissertation Universität Göttingen, **2000**

[46] D. A. Skoog, J.J. Leary, *Instrumentelle Analytik,* Springer-Verlag,**1992**

[47] S.L. Flegler, J.W. Heckman, K.L. Klomparens *Elektronenmikroskopie,* Spektrum Akademischer Verlag, **1995**

[48] O.C. Wells, *Scanning Electron Microscopy,* McGraw Hill Book Company, **1974**

[49] J. Ackermann Handbuch für die Rasterelektronenmikroskope SUPRA(VP) und ULTRA, Carl Zeiss NTS GmbH

[50] P.W. Atkins *Physikalische Chemie,* 3.Auflage, Wiley-VCH, **2001**

[51]   D.R. Miller *Atomic and Molecular Beam Methods*, 1, ed GScoles (Oxford University Press), **1992,**14-53

[52]   J.D.Anderson Jr. *Modern Compressible Flow*, McGraw-Hill Publishing Company, 2nd Edition **1990**

[53]   W. Worthy , *Chem. Eng. News,* **1981,** 59, 16-17

[54]   K. D. Bartle, A. A. Clifford, S.A. Jafar, G.F. Shilstone; *J. Phys. Chem. Ref. Data,* **1991,** 20, 713-756

[55]   M. Kunzmann, *Infrarotspektroskopie an molekular aufgebauten Nanopartikeln*, Dissertation, Universität Göttingen **2001**

[56]   M. K. Kunzmann, R. Signorell, M. Taraschewski, S. Bauerecker, Phys. *Chem. Chem. Phys.* **2001,** 3, 3742-3749

[57]   A. Bonnamy, R. Georges, A. Benidar, J. Boissoles, A. Canosa, B. R. Rowe *J. Chem. Phys.*, **2003,** 118, 3612-3621

[58]   T.E. Gough, R.E. Miller, G.Scoles, *J.Phys.Chem.*, **1981,** 85, 4041-4046

[59]   R. Signorell *schriftliche Mitteilung*

[60]   S. G. Warren, *Appl. Opt.* **1986,** 25, 2650-2674

[61]   A. Bonnamy, M. Jetzki, R. Signorell, *Chem. Phys. Lett.* **2003,** 382, 547-552

[62]   J.A. Roux, B.E. Wood, A. M. Smith, "IR-optical properties of thin H2O, NH3, and CO_2 cryofilms", AEDC-TR-79-57 (AD-A074913), September **1979**

[63]   P.-J. Wu, l. Hsu, D.A. Dows, *J. Chem. Phys.,* **1971,** 54(6) 2714-2721

[64]   R.C. Fort, *Adamantane: the chemistry of diamond molecules*, Marcel Dekker, New York **1976**

[65]   R.M. Corn, V.L.Shannon, R.G. Snyder, H.L.Strauss, *J. Chem. Phys.* **1984,** 81, 5231-5238

[66]   W. Florian, *Z. Phys. Chem. Neue Folge* **1968,** 61, 319-321

[67]   M. Weber, *Chem. Ing. Technik* **2002,** 74, 575

[68]   W. Y. Lee, L.J. Slutsky, *J. Phys. Chem.* **1975,** 79, 2602-2604

[69]   R.G. Snyder, J.H. Schachtschneider, *Spectrochim. Acta,* **1965,** 21, 169-195

[70]   O. Novotny, B. Sivaraman, C. Rebrion-Rowe, D. Travers, L. Biennier, J.B.A. Mitchell, B.R. Rowe, *J.Chem. Phys.*, **2005**, 123, Artikel: 104303

[71]   L. Biennier, F. Salama, L.J. Allamandola, J.J. Scherer, *J. Chem. Phys.* **2003**, 118, 7863-7872

[72]   A. Li, B.T. Draine, *Astrophys. J.*, **2001**, 554, 778-802

[73]   J. Meyer, M. Katzer, E. Schmidt, S. Cihlar, M. Türk, 3. *Proceedings of the World Congress on Particle technology*, 6-9 Juli **1998**, Brighton UK, paper 31

[74]   E.M. Berends, O.S.L. Bruinsma, G.M. van Rosmalen, *J. Cryst. Growth*, **1993**, 128, 50-56

[75]   G.T. Liu, K. Nagahama, *Ind. Eng. Chem. Res.*, **1996**, 35, 4626-4634

[76]   G.T. Liu, K. Nagahama, *J. Chem. Eng. Japan*, **1997**, 30(2), 293-301

[77]   D.M. Ginosar, W.D. Swank, R.D. McMurtrey, W. J. Carmack, *Proceedings of the 5th International Symposium on Supercritical Fluids* 8. - 12. April **2000**, Atlanta Georgia USA

[78]   S. Cihlar, M.Türk, K. Schaber *J. Aerosol Sci*, **1999**, 30, S355-S356

[79]   R. Signorell, D. Luckhaus, *J. Phys. Chem. A*, **2002**,106, 4855-4867

[80]   R. Signorell, *J. Chem. Phys.* **2003**, 118, 2707-2715

[81]   M. McHugh, M.E. Paulaitis, *J. Chem. Eng. Data*, **1980**, 25, 326-329

[82]   F.J. Gaarick, *Trans. Faraday Soc.*, **1927**, 23, 560-563

[83]   K. Juni, M. Nakano; *CRC Crit. Rev. Ther. Drug Carrier Syst.*, **1987**, 3, 209-232

[84]   P.G. Debenedetti, J.W. Tom, S:-D. Yeo, G.-B. Lim; *J. Controlled Release*, **1993**, 24, 27-44

[85]   J. M. Zhang, Y. X. Duan, H. Sato, H. Tsuji, I. Noda, S. Yan, Y. Ozaki; *Macromol.* **2005**, 38, 8012-8021

[86]   T. Foerster, B. Fabry, M. Hollenbrock, C. Kropf *Use of nanoscale sterols and sterol esters for producing cosmetic and/or pharmaceutical preparations* Patent **1999**, WO 99-EP7359

[87]   C. Kornmayer, *Coating von β- sitosterol mit Eudragit mittels schneller Expansion überkritischer Lösungen*, **2003**, Universität Karlsruhe

[88] M. Türk, *Chem. Ing. Tech.* **2004**, 76, 835-838

[89] M. Türk, B. Helfgen, P. Hils, R. Lietzow, K. Schaber, *Part. Part. Syst. Charact.*, **2002**, 19, 327-335

[90] M. Charoenchaitraikool, F. Dehghani, N.R. Foster, H. R. Chan, *Ind. Eng. Chem. Res.* **2000**, 39, 4794-4802

[91] N. Bouhmaida, M. Dutheil, N.E. Ghermani, P. Becker, *J. Chem. Phys.* **2002**, 116, 6196-6204

[92] W. J. Wechter, *J. Clin. Pharmacol.*, **1996**, 36, S1-S2

[93] G. L. Perlovich, S. V. Kurkov, L. Kr. Hansen, A. Bauer-Brandl, *J. Pharm. Sci.*, **2004**, 93, 654-666

[94] A. A. Freer, J. M. Bunyan, N. Shankland, D. B. Sheen, *Acta Cryst.*, **1993**, C49, 1378-1380

[95] N. Shankland, A. J. Florence, P.J. Cox, D. B. Sheen, S. W. Love, N.S. Stewart, C. C. Wilson, *Chem. Commun.*, **1996**, 70, 855 - 856

[96] V. Labhasetwar, S. V. Deshmukh, A. K. Dorle, *Drug Develop. Ind. Pharm.*, **1993**, 19, 631-641

[97] P. Pathak, M. J. Meziani, T. Desai, Y.-P. Sun, *J. Supercrit. Fluids*, **2006**, 37, 297-286

[98] D. Kayrak, U. Akman, Ö. Hortascsu, *J. Supercrit. Fluids,* **2003**, 26, 17-31

[99] M. J. Frisch, G. W. Trucks, H. B. Schlegel, G. E. Scuseria, M. A. Robb, J.R. Cheeseman, V. G. Zakrzewski, J. A. Montgomery Jr. ,R. E. Stratmann, J. C. Burant, S. Dapprich, J. M. Millam, A. D. Daniels, K. N. Kudin, M. C. Strain, O. Farkas, J. Tomasi, V. Barone, M. Cossi, R. Cammi, B. Mennucci, C. Pomelli, C. Adamo, S. Clifford, J. Ochterski, G. A Petersson, P. Y. Ayala, Q. Cui, K. Morokuma, D. K. Malick, A. D. Rabuck, K. Raghavachari, J. B. Foresman, J. Cioslowski, J. V. Ortitz, A. G. Baboul, B. B. Stefanov. G. Liu, A. Liashenko, P. Piskorz, I. Komaromi, R. Gomperts, R. L. Martin, D. J. Fox, T. Keith, M. A. Al-Laham, C. Y. Peng, A. Nanayakkara, C. Gonzalez, M. Challacombe, P. M. W. Gill, B. Johnson, W. Chen, M.W. Wong, J. L. Andres, C. Gonzalez, M. Head-Gordon, E. S. Replogle. J. A. Pople, *Gaussian 98 Revision A.7*, Gaussia Inc., Pittsburgh PA, **1998**

[100] P. Pathak, M. J. Meziani, T. Desai, Y.-P. Sun, *J. Am. Chem. Soc.*, **2004**, 126, 10842-10843

[101] M. Türk, M. Wahl,*Utilization of supercritical fluid technology for the preparation of innovative carriers loaded with nanoparticular drugs;* Proceedings of the International Congress for Particle Technology, PARTEC 2004, Nürnberg, March 16 - 18, **2004**

[102] J.U. White *J. Opt. Soc. Am.,* **1942**, 32, 285-288

[103] E. Reverchon, G. Della Port, R. Taddeo, P. Pallado, A. Stassi, *Ind. Eng. Chem. Res.* **1995**, 34, 4087-4091

[104] N. Hildebrandt, D. Hermsdorf, R. Signorell, Stephan A. Schmitz, Ulf Diederichsen *Arkivoc,* **2006**

[105] J. Sun, P. A. Ariya, *Atmos. Environ.,* **2006,** 40, 795-820

[106] R. Signorell, M.K. Kunzmann, *Chem. Phys. Lett.* **2003**, 371, 260-266

[107] Lide, DR (ed.). *CRC Handbook of Chemistry and Physics.* 81st Edition. CRC Press LLC, Boca Raton: FL **2000**, p. 3-84

[108] E. H. Chimowitz, F.D. Kelley, F.M. Munoz, *Fluid Phase Eq.,* **1988**, 44, 23-52

[109] N.R. Foster, G.S. Guardial, J.S.L.Yun, K.K.Liong, K.D.Tilly, S.S.T. Ting, H. Singh, J. H. Lee, *Ind. Eng. Chem. Res.* **1991**, 30, 1955-1964

Literaturverzeichnis

Lebenslauf

Am 22.07.1979 wurde ich als Tochter von Renate Hermsdorf (geb. Hessel) und von Hartmut Hermsdorf in Hoyerswerda geboren. Ich habe noch eine Schwester. Meine Staatsangehörigkeit ist deutsch.

Von 1986 bis 1992 besuchte ich die Polytechnische Oberschule „Pablo Neruda" in Hoyerswerda. 1992 wechselte ich auf das 1. Städtische Gymnasium „Konrad Zuse" und erlangte dort 1998 die Allgemeine Hochschulreife.

Im Oktober 1998 immatrikulierte ich mich an der TU „Bergakademie Freiberg" im Diplomstudiengang Angewandte Naturwissenschaft. Dort bestand ich am 23.08.2000 die Diplom-Vorprüfung. Im Dezember 2002 begann ich meine Diplomarbeit mit dem Titel „Optimierung der kapillarelektrophoretischen Trennung von Proteinen" in der Arbeitsgruppe von Prof. Dr. M. Otto am Institut für analytische Chemie der TU „Bergakademie Freiberg". Am 12.06.2003 bestand ich die Diplomprüfung im Studiengang Angewandte Naturwissenschaft.

Für die Promotion wechselte ich im Oktober 2003 an das Institut für Physikalische Chemie der Universität Göttingen in der Arbeitsgruppe von Prof. Dr. R. Signorell. Dort beschäftige ich mich mit dem Thema „Schnelle Expansion von überkritischen Lösungen zur Herstellung von organischen Nanopartikeln". Von Februar bis August 2006 erhielt ich die Möglichkeit an der „University of British Columbia" einen Teil meiner Dissertation durchzuführen. Während dieser letzten 3 Jahre entstand in der Gruppe von Prof. Dr. R. Signorell die vorliegende Arbeit.